建筑景观速写表现技法

蒲宏文 编著

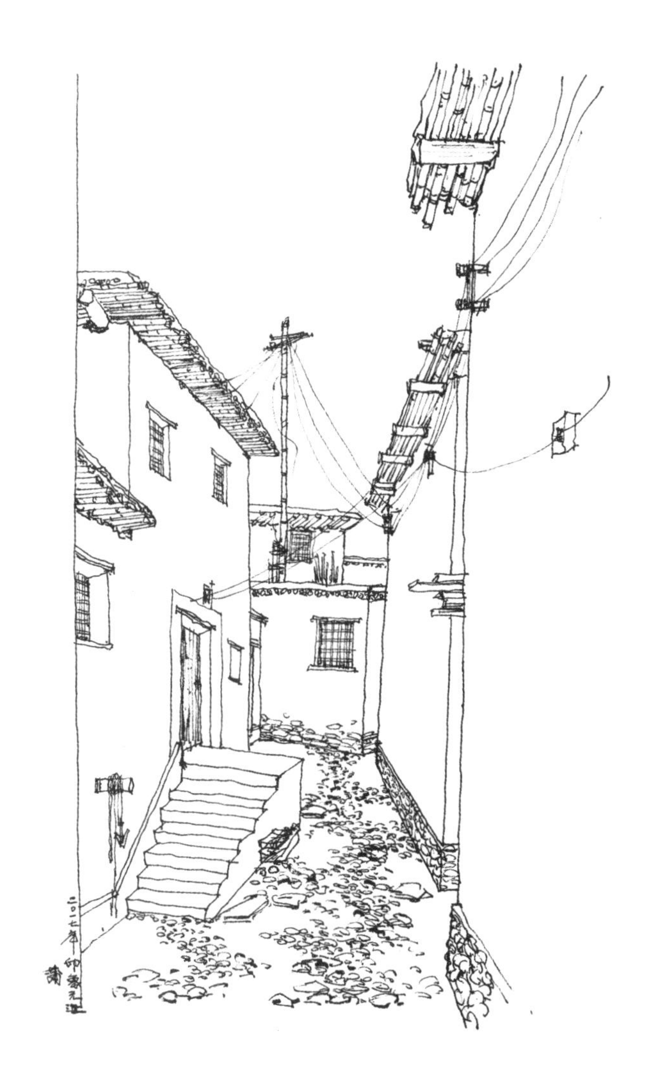

人民邮电出版社
北京

图书在版编目（CIP）数据

建筑景观速写表现技法 / 蒲宏文编著. -- 北京 :
人民邮电出版社, 2018.7
ISBN 978-7-115-48390-4

Ⅰ. ①建… Ⅱ. ①蒲… Ⅲ. ①建筑艺术－速写技法②
景观设计－速写技法 Ⅳ. ①TU204.111②TU983

中国版本图书馆CIP数据核字(2018)第099929号

内容提要

本书是一本讲解建筑景观速写表现技法的教程。从速写工具、线条、透视原理、绘画原理、构图等内容讲起，过渡到建筑元素的画法，最后到建筑整体的速写过程，并配有详细的速写步骤画法，循序渐进地展示给读者，帮助读者解决速写写生难题。

书中不仅详细讲解了建筑景观速写基础层面的理论和方法，还为每章的重点内容配备了速写视频教程，读者可以通过扫描案例旁边的二维码在线观看相关视频，提高学习效率。

本书介绍了速写与手绘的关系，具有广泛的实用性，适合建筑设计、环境艺术设计、城市规划设计、风景园林设计、室内设计等相关专业的设计师、高校在校学生和速写爱好者学习。读者可以通过训练提高构图能力、造型能力、审美能力和艺术修养。

◆ 编　　著　蒲宏文
　责任编辑　张丹阳
　责任印制　陈　犇
◆ 人民邮电出版社出版发行　　北京市丰台区成寿寺路 11 号
　邮编　100164　　电子邮件　315@ptpress.com.cn
　网址　http://www.ptpress.com.cn
　三河市中晟雅豪印务有限公司印刷
◆ 开本：889×1194　1/16
　印张：7.75　　2018 年 7 月第 1 版
　字数：314 千字　　2018 年 7 月河北第 1 次印刷

定价：59.00 元

读者服务热线：(010)81055410　印装质量热线：(010)81055316
反盗版热线：(010)81055315
广告经营许可证：京东工商广登字 20170147 号

序一

描摹美好是通向自由彼岸的独木舟

很意外，宏文在繁重的工作之余居然出书了，而且是一本如此用心、细细雕琢的作品，这是我多年追逐而不可得的梦想。

随着智能手机和科学技术的不断发展，再过50年，也许速写会进入非遗的行列。那时，宏文也是个80岁的老人了。他或许不是最后一个掌握这门手艺的人，但我能想象，他还是会颤颤巍巍地拿起笔，描摹美好，记录世界。

在大时代的奔流中，速写还具有怎样的意义？当我用心感受了宏文的每一幅建筑景观的速写作品之后，我觉得这不是一个行业判断，更像是一个哲学命题。这个命题的意义在于：人类曾经以描摹美好的方式获得了认知自由，而速写就是其中一种放眼看世界的重要技能。

宏文以深入浅出的方式，尝试着把自己描摹美好世界的心得告诉大家。无论是形态各异的建筑、摩挲摇曳的树木，还是奔流不息的大河、静谧多彩的湿地，他都可以告诉你如何用技法表现出来。这也是一本从零到一的技法教程，让我这个曾经美术不及格的人都跃跃欲试，渴望在人生进入第四十个年头后，重新追寻自己对美好空间的塑造能力。

宏文的这本速写教程与传统教科书最大的不同是，笔触富有活力，充满了对大好河山的情感，取材更是来源于对美丽中国的实践。亚太生态经济研究院是我国专注于县域经济和美丽乡村的智库机构，宏文作为亚太生态经济研究院的景观总监，在任职两年多的时间里，走遍了中国十多个省份的五十多个县。他设计过位于大山深处的中国最美自行车赛道，设计过位于天府之国的国家农业公园，设计过位于革命老区的田园综合体，也设计过位于南海海滨的美丽乡村。所以，他的笔下不是老僧入定式的静物写生，而是蕴含着一种喜悦，一种看到中国走向复兴的真实心境。

无论在什么时代，人们对于自由彼岸的追求从未停止过。宏文虽然年龄不大，但是从黔东南的大山中走出，从农业社会到工业社会，再到信息社会，和大多数“80后”一样，是一个跨越了数个时代的人。在时代与时代激烈的转换碰撞中，很多人感到茫然和无措；在社会财富的潮起潮落中，很多人感到愤懑和不公，但我在宏文身上看到的是一只平静，一种对世界的理解和包容。我想，速写或许就是这样一只通向自由彼岸的独木舟。

最后，希望宏文未来有更多的佳作问世，让描摹美好成为更多人的习惯。

宗伟
亚太生态经济研究院 创始人

序二

速写的意义

速写是一种快速的表现技法，只需要一支笔、一张纸就可随时随地进行创作。在现代美术教育中，速写是素描的一种有效补充，它可以不完整，但要有一定的建设性；可以不考虑造型因素，但要表达出想法、情绪和状态，更重要的是能够体现绘画者的意图。速写可以是一幅作品的初稿，也可以是一幅完整独立的作品。它不受传统绘画技法和要求的束缚，即兴发挥，快速捕捉生活中短暂的瞬间。

由于速写能及时定格绘画者对事物的观察和感受，具有很强的记录性和形象性，是艺术家保持艺术敏锐状态的最佳手段，所以绘画爱好者都通过这种训练，记录自己对自然环境和人文空间等对象的切身体验。但凡有成就的画家和设计师，均在速写上有不俗的表现。

最早在校园里见到蒲宏文的时候，他是个友善而稍显腼腆的男孩。随着接触的增多，他在专业学习中，特别是绘画表现方面不断显露出的艺术才气令人惊喜。蒲宏文的速写不但技法成熟，更融入了个人情感的表达。他的作品不张扬，不喧哗，是其平和、朴素和智慧的外化。他在不断成长的过程中展露出对艺术的执着和独特的感受能力。如今的蒲宏文，眼睛里透着内敛与自信，在环境艺术设计的领域中表现出众，迸发出闪光才华。

相信他会在绘画与设计的道路上继续迈进、深耕。

刘启

中国科学院建筑学博士

前言

速写是一种快速写生的技法，是用简练的线条在短时间内扼要地画出景物的形象特征。速写是画家在创作阶段准备和记录的手段，同时也是各行各业设计师快速构思和累积素材的一种有效方法。

对于初学者来说，速写是训练造型综合能力的重要方法。速写能培养我们的绘画概括能力，使我们在短暂的时间内画出对象的特征，提高构图能力和造型能力；速写能培养我们敏锐的观察能力，使我们善于捕捉生活中美好的事物，提高审美能力；速写能提高我们对形象的记忆能力和默写能力，使我们对客观物质世界具有新鲜的感受力，提高艺术修养。画好速写对于画好手绘具有很大的帮助，一个设计师如果具备造型能力、构图能力、审美能力和艺术修养，那么在设计的道路上将会更上一层楼。

在繁忙的工作之余，我将自己平时的建筑景观速写和在设计过程中的一些设计手稿认真整理成册。本书介绍了速写所需的基本工具、线条练习方法、透视的基本原理、绘画的基本原理、常见构图形式、步骤画法等。书中利用通俗的语言，详细介绍了笔者在速写方面的心得体会和绘画经验，循序渐进地讲解了建筑景观速写的必经过程，还配备了免费速写教学视频，帮助读者解决许多速写写生难题。本书值得建筑设计、环境艺术设计、城市规划设计、风景园林设计、室内设计等相关专业的设计师以及高校在校生和速写爱好者学习、参考和借鉴。希望每位读者通过对本书的学习，能得到一定的帮助和进步。

为了方便读者学习，随书附赠手绘教学视频，读者可以扫描“资源下载”二维码获得下载方法。同时，为了满足不同需求的读者，在相对应的小节旁边提供了在线观看视频的二维码，读者也可通过移动端扫码在线观看，随时随地进行学习。

资源下载

在漫长的编写过程中，出版社编辑张丹阳对本书进行了专业上的耐心指导和协助，才使得本书顺利出版，为此我由衷地表示感谢，并感谢人民邮电出版社的支持。同时感谢为本书撰写序言的宗伟老师和刘启博士。

蒲宏文

2018年2月22日

目录

第1章 建筑风景速写概述

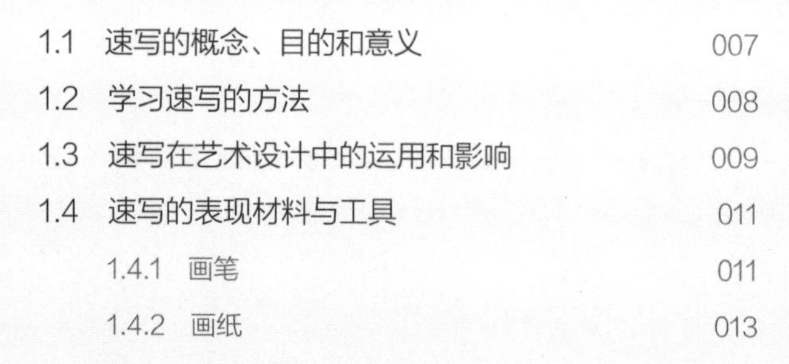

第2章 透视的基本原理

第3章 建筑景观速写要领

第4章 基本元素的表现和绘画方法

第5章 建筑景观速写作品欣赏

第1章
建筑风景速写概述

1.1 速写的概念、目的和意义

速写的概念: 速写即快速写生技法，是用简练的线条在短时间内扼要地画出人和景物动态或静态的形象，速写是一种快速写生的方法。根据描绘的对象不同，速写一般可分为人物速写、动物速写、建筑速写、风景速写、植物速写。

速写同素描一样属于绘画的一种，它不但是造型艺术的基础，也是一种独立的艺术形式。速写与素描的区别在于素描和中国的“白描”结合产生独特的以“线”为主，线面结合的造型方法，而速写是为了同素描概念区分开来的一种绘画术语。这种独立的艺术形式的确立是欧洲18世纪以后的事情，在这之前，速写是画家创作阶段准备和记录的手段。

速写的目的和意义: 对于初学者来说，速写是一项训练造型综合能力有效且重要的方法。速写能培养我们的绘画概括能力，使我们在短暂的时间内画出对象的特征，提高构图能力；速写能培养我们敏锐的观察能力，使我们善于捕捉生活中美好的物体，提高审美能力；速写能提高我们对形象的记忆能力和默写能力，使我们对客观物质世界具有新鲜感受力。

速写是最能锻炼学者眼、脑、手、心与物象相互配合协调能力的方法，任何技能的学习都是从陌生到熟悉、从量变到质变的转化过程。速写能提笔直取，随时描绘我们周围生活中的任何物象，因此，对于初学者来说，速写是学习绘画和设计必须掌握的一门重要技能。

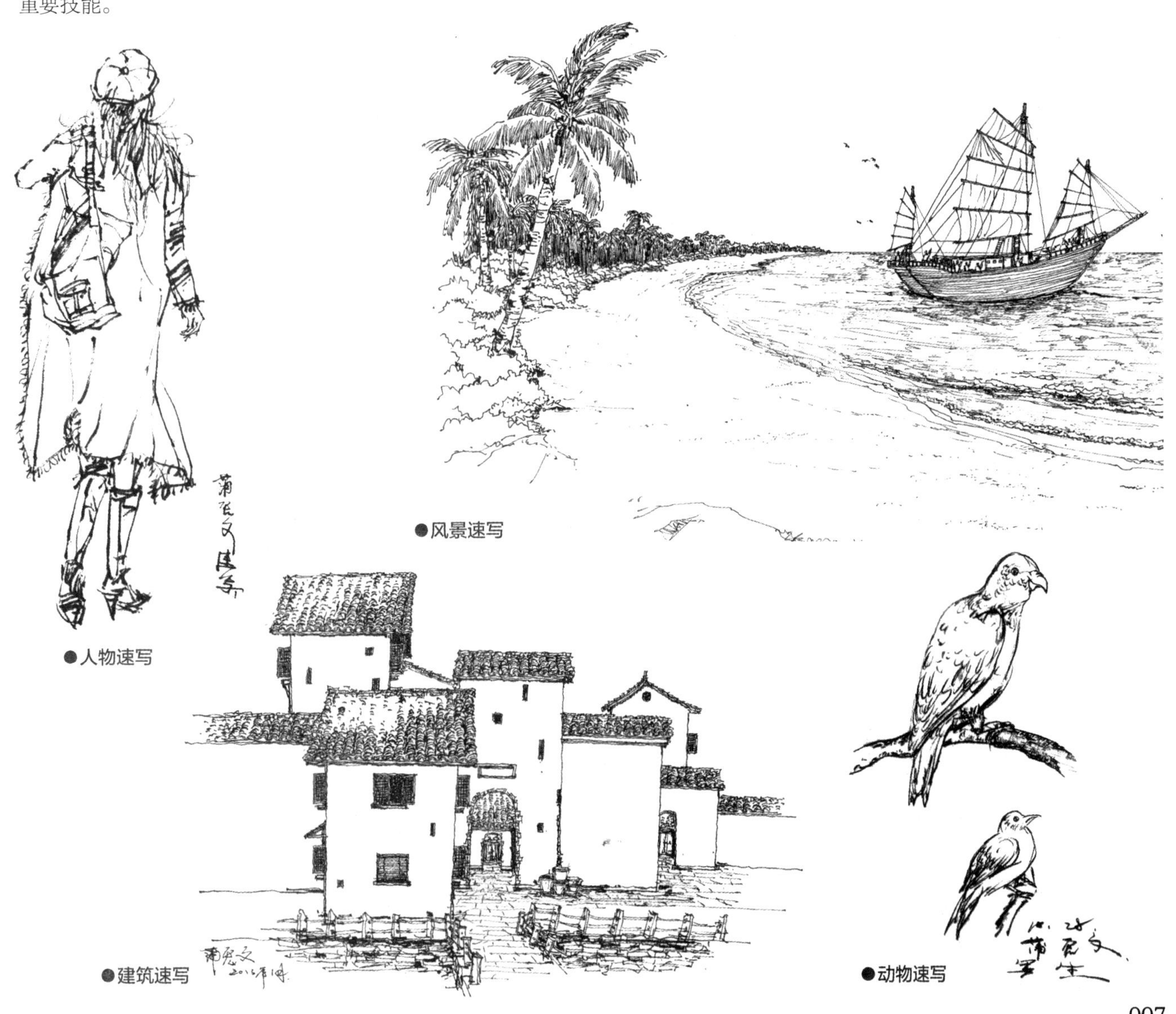

●风景速写

●人物速写

●建筑速写

●动物速写

1.2 学习速写的方法

怎样才能把建筑速写画好，对于初学者来说，速写是表达设计构思的一种手段而绝非目的，一般来说，最便捷的方法是通过反复的临摹和练习来掌握一两种行之有效的技法。临摹不是一味地抄袭，而应该学用结合，反复练习，从量到质的改变。我认为应该将写生与临摹结合，初学者要发自内心地去热爱它，一个人只有发自内心地去热爱一件事情，才有可能把这件事情做得完美。初步临摹时可以找准某一个景物，拼命在这里下工夫，逐步深入充实，在临摹过程中要注意表现物体的准确性和用笔的灵活性，哪怕别的地方画弱了也无所谓，因为你要做的是把吸引你的地方尽量画成你想要的效果，而不是面面俱到。

用初步临摹掌握的技法来尝试临摹照片或实物写生，从习作中找出自己的不足。一幅复杂的建筑景观画是由许多小物体组成的，所以初学者要先学会画简单的物体，由简到繁。一般可通过“临摹→写生→临摹”循环的步骤进行练习。写生时遇到不会画的物体，可以通过临摹解决，从而巩固和积累更多的表现技法，逐步形成自己的风格。

通过写生和临摹不断累积了一些表现技法后，就可以开始着手画大场景的速写或者稍微复杂一点的内容了。也不能一直停留在画简单物体的层面上，任何技法都是从简单到复杂的过程。可以找一些复杂的建筑画，从全局到局部仿效，学习它的处理表现方法。经过多次这样的临摹和写生，基本能够学习到完整的表现方法，待表现技法成熟时，便可以追求自己认为更好的表现方法，甚至追求画面的完美和意境。

初学者刚开始不适合临摹完整复杂的建筑画，很难消化吸收。应从简到繁、从小到大、从细部到整体，有计划有步骤的临摹，不要用钢笔起稿，先用铅笔起草稿，再用钢笔描绘。

在写生时，很多人画速写不知道从哪里下笔，不知道从哪里开始，我觉得在画画之前首先要找到最吸引你的景物，它可能是场景里一棵树、一盆花、一丛花草、一块石头或者建筑物的一个局部、一扇窗户、一面墙等，任何复杂的画面和物体都是由许多小品组成的。

1.3 速写在艺术设计中的运用和影响

速写是画好设计草图的基础，而草图是设计过程中重要的一部分。草图能够将设计理念与方案快速直观地表达出来，作为设计方案的表现方式，是创意思维展示的第一步。手绘草图不仅能够表达出设计师的想法，同时也可以记录和捕捉设计者的创意思维。

速写手绘在设计表达中的地位以及它对设计师设计思维的培养具有一定的重要性。古往今来，凡有大成就的设计大师，无不拥有丰硕的创意设计手稿，从米开朗基罗到勒·柯布西耶，举不胜举，少则几千幅，多则上万幅，它是设计师创意精神与技艺的结晶。

手绘表现作为环境设计效果图的一种表现形式，随着时代的发展逐渐被计算机制图所取代，一些初学者往往把精力都放在了计算机和软件的运用上，忽视了手绘表达能力的训练，使得一些在校学生和设计人员陷入了重软件轻手绘的误区，阻碍和限制了创造性设计思维能力的培养和提高，从而造成整体设计水平不高、手绘表达能力较薄弱、设计思维较单一、设计者综合素质参差不齐的现象。说到这里并不是说我们就不需要高科技的帮助,计算机所带给人类技术性的变革是毋庸置疑的。但需要我们正确认识的是计算机根本无法代替我们的大脑,无法代替设计者的创造性思维,它只是我们进行设计的好帮手。

手绘是艺术表现形式中的一种，顾名思义，手绘就是徒手画出的设计表现图，表现图又称效果图。

所谓"徒手"就是单纯用手和画笔快速地进行草图或者是相对工整的图面表达。它以快速表达和记录设计师构思过程、设计理念和瞬间的创作灵感为目的。而快速表达也是一个设计师职业水平最直接、最直观地反映，只有手绘效果图才能体现出一个设计师的综合素质。效果图既是设计师快速记录、信息整理、素材积累的一种表现形式，也是有一定目的和功能性要求的图纸。

手绘表现是设计师与甲方交流的一种直观便利的手段。手绘表现的种类繁多，其中快速表现与概念构思草图，则是设计师与甲方或施工队进行相互交流、探讨的最好方式。文字可以记录思想、记载历史、传播新事件，但设计思维是要通过直观的形象语言来表达的。在施工现场如果单纯用语言去形容需要设计的意图和想法，大部分甲方或施工人员不会快速、到位地理解设计师的设计理念和想法。在设计工作中，快速徒手表达能够迅速地捕捉设计师的意念与想法，这比制作计算机效果图更快，比工程制图更直观、更快捷。因此，它是提供直观形象的最佳方式。

学习手绘表现是一个以手带脑、手脑并用的好方法，同时是促进设计师设计思维发展的重要过程。设计思维并不是我们凭空想象的结果,而是通过一点一滴的经验不断积累和完善而成的，熟练的设计表现能够开拓我们的创意思维，对提高设计的深度和广度起着非常重要的作用。

●手绘景区路口方案表现图

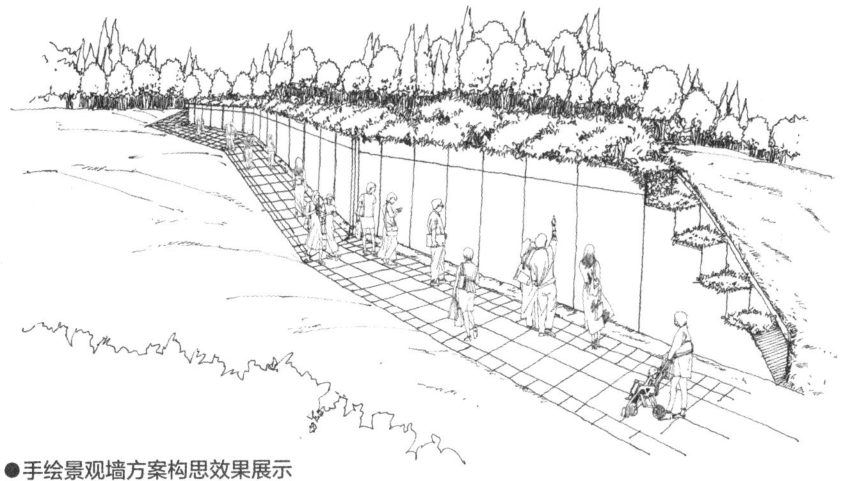

●手绘景观墙方案构思效果展示

●速写手绘景观设计表现方案鸟瞰图

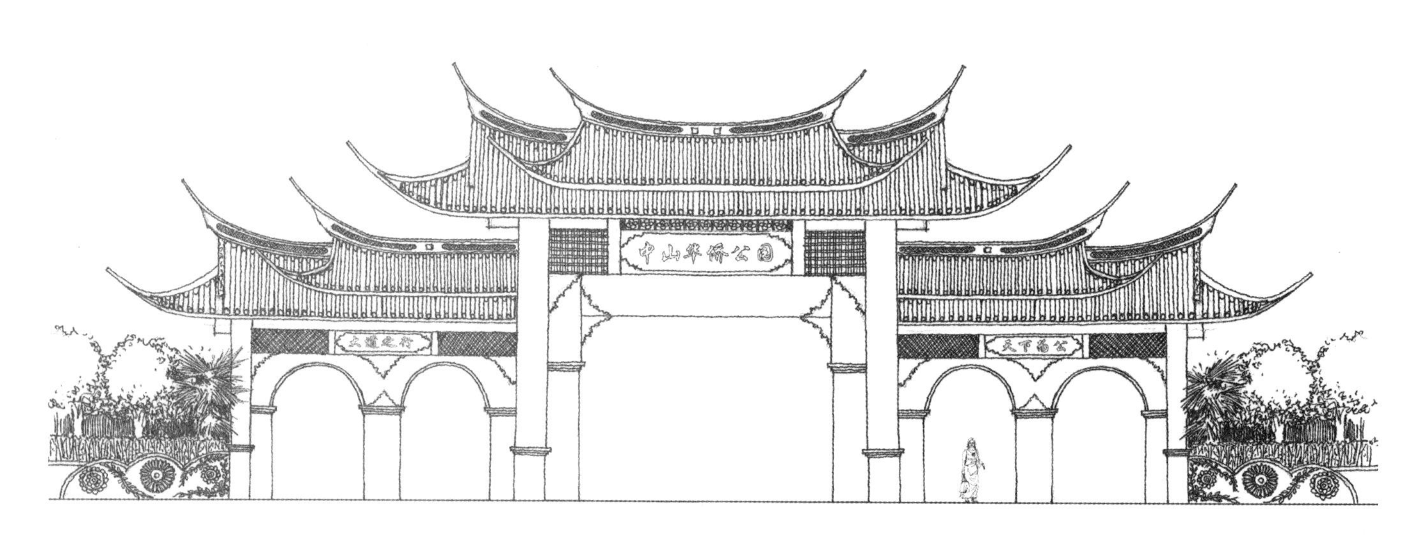

●速写手绘建筑立面方案推敲和展示

1.4 速写的表现材料与工具

1.4.1 画笔

速写对绘画工具的要求不是很严格，一般来说，能在材料表面留下痕迹的工具都可以用来画速写，例如，常用的工具有铅笔、钢笔、毛笔、圆珠笔、签字笔、马克笔、碳铅笔、木炭条等。

最初我喜欢用铅笔和炭笔描绘，因为它可以画刚劲有力的线条，可粗可细，可浓可淡，具有丰富的表现力，便于擦改。还可以画柔软和匀称的体面，具有浓淡、粗细、虚实自如等优点。尽管铅笔表现的优点不少，但是最大的缺点就是不易保存，复印效果差，价格昂贵，时间久了会变暗淡、变模糊，减弱最初的画面效果。而采用钢笔表现在这一方面则相反，容易保存，不失真，携带方便。钢笔画纯粹是线的组合，以线条的疏密、长短、粗细、曲直、虚实等来组织画面，它的不便之处是不能擦改。

钢笔一般分为美工钢笔和标准尖型钢笔两种，画建筑速写一般采用美工钢笔（笔头弯曲状），美工钢笔可以画出各种宽窄不一的线条。

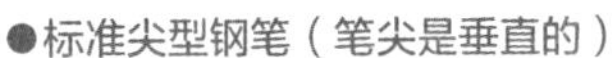

●标准尖型钢笔（笔尖是垂直的）

●美工钢笔（笔尖是向后稍弯曲的）

美工钢笔使用提示：

（1）初学者在开始练习时，建议采用美工钢笔，美工钢笔可以画出两种线条，当笔尖垂直于纸面时，可以画出比较细的线条。

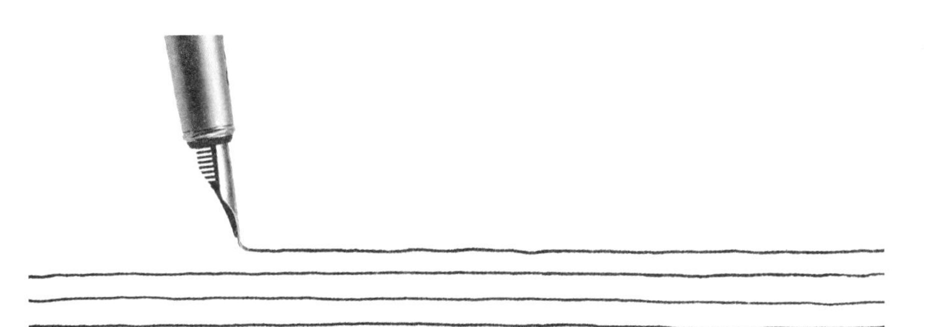

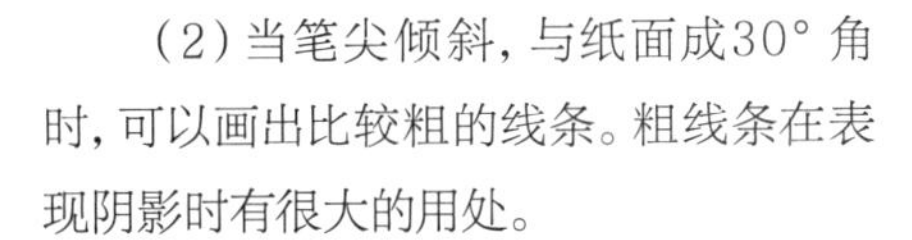

（2）当笔尖倾斜，与纸面成30°角时，可以画出比较粗的线条。粗线条在表现阴影时有很大的用处。

提示：

对于初学者，炭笔也是不错的选择，炭笔有许多优点，在用线条表现物体的质感时具有很好的效果，而且便于擦改。

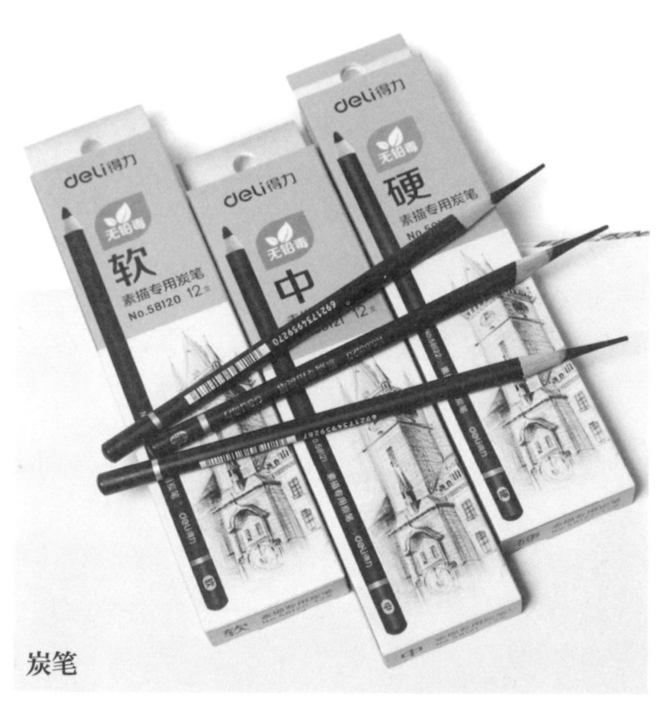

炭笔

炭笔硬度分类

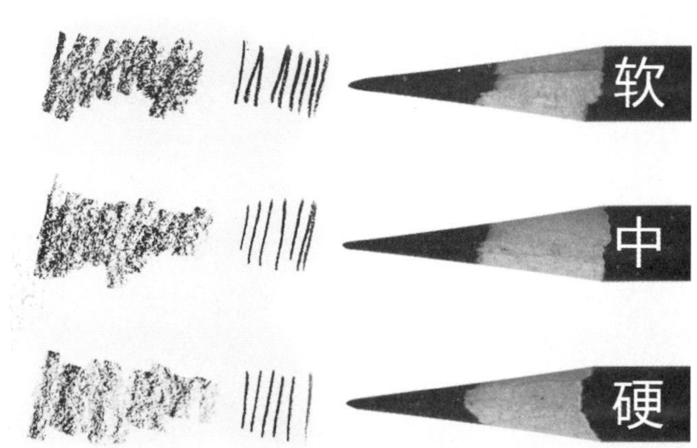

2B铅笔

毛笔

提示：

初学者在进行速写练习过程中，应该先用便于修改的2B铅笔起稿，再用美工钢笔深画，最后可以用毛笔加水调和墨水，对画面进行明暗、阴影及效果的描绘。

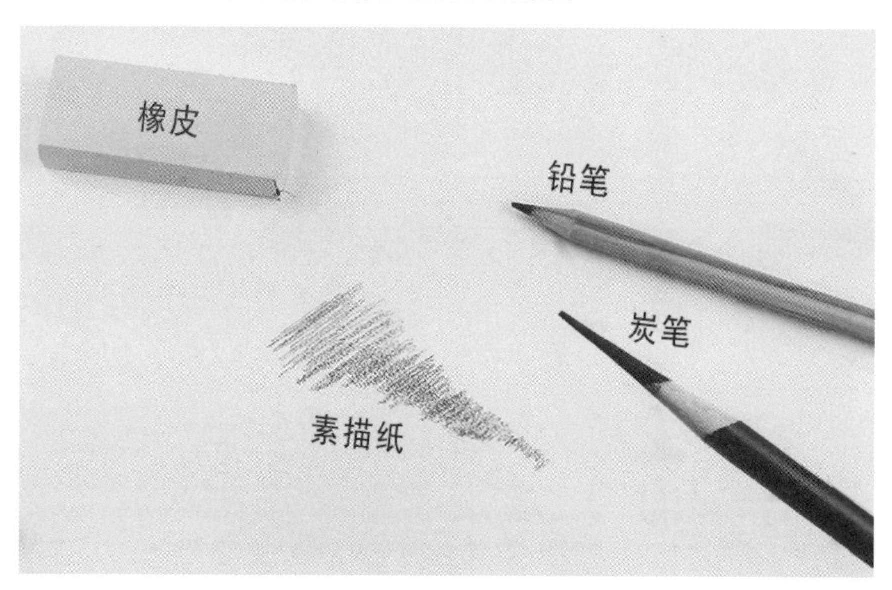

1.4.2 画纸

画纸即我们用画笔在表面能留下痕迹的材料。绘画材料多种多样，如复印纸、素描纸、硫酸纸、牛皮纸、卡纸等。从速写表现的画面效果而言，可以根据个人喜好来决定用什么纸去绘画。一般初学者选择硫酸纸+复印纸较为合适，因为硫酸纸为半透明纸，比较适合初学者进行临摹拓图练习，是进行临摹学习的理想纸张。

硫酸纸

硫酸纸呈半透明状，又称拷贝纸，有点类似塑料薄膜，该类纸在美术界和设计界广泛使用，适合手绘、速写初学者进行临摹训练。

素描纸

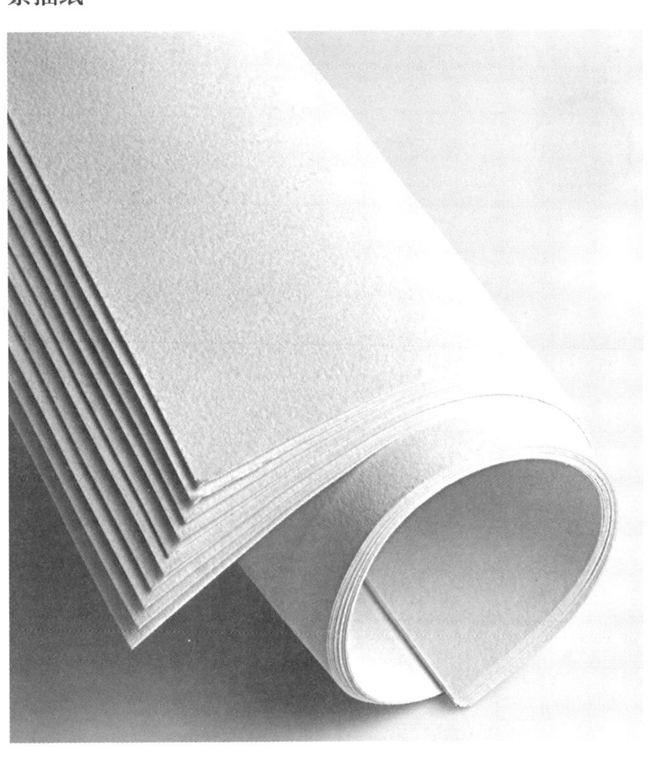

待掌握基本速写技法之后，就可以用素描纸去认真写生绘画了，因为素描纸纸质较厚而且表面具有肌理感，可使绘画作品产生艺术效果。

素描本

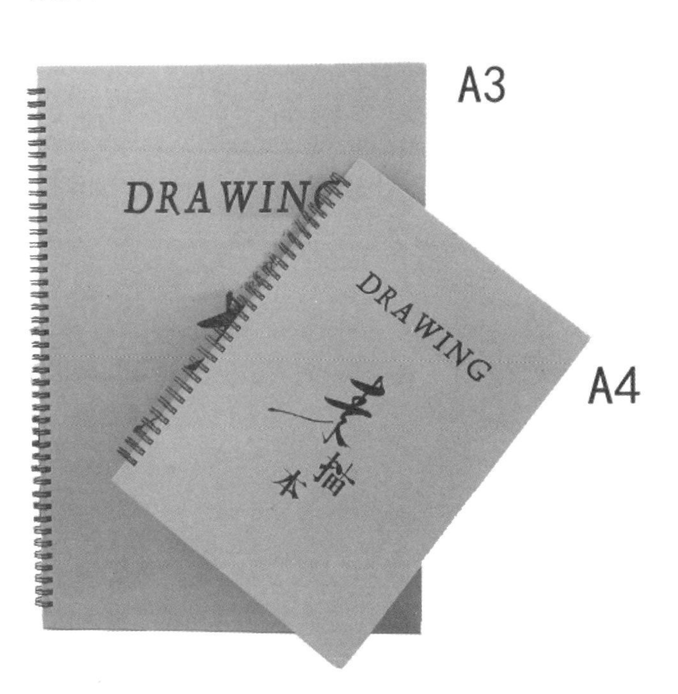

复印纸

第 2 章

透视的基本原理

2.1 透视的概念

“透视”一词原于拉丁文“perspclre”（“透而视之”和“看透”），指在平面或曲面上描绘物体的空间关系的方法或技术。

在日常生活中，当我们站在不同的距离、不同的方位观察同一景物时，会发现同一景物在不同的距离上会出现近大远小的现象，而这种现象就是透视现象，也叫视觉现象。同时，这种透视现象会因观察者的角度、高度、距离等发生形体的变化。

在平面上根据一定原理，用线条来显示物体的空间位置、轮廓和投影的科学称为透视学，透视学是造型艺术所依赖的一门学科。在现实生活中，当人们边走边看景物时，景物的形状会随着脚步的移动在视网膜上不断地发生变化，因此，对某个物体很难说出它固定的形状。观察者只有停住脚步，眼睛固定朝一个方向看去时，才能描述某个景物在特定位置的准确形状，这就是我们通常所讲的近大远小透视变化规律。

●火车轨道透视现象

●民居透视现象

●公路透视现象

●桥梁透视现象

2.2 为什么要学习透视

作为初学者，学习绘画课程很有必要了解和掌握透视的基本原理和规律，它可以帮助我们把三维的景物结构、造型、阴影直观地表现在二维的纸面上。透视是人的眼睛观察景物时产生的一种视觉现象，由于透视形体所产生的透视变化，我们观察外部世界时，都会遵循透视的原理。国内外大师的作品，无一例外运用了透视原理这一因素。学习和理解透视原理对我们学习建筑景观速写是很有必要的。

透视原理在造型手法、观察方法以及空间的表现上都具有指导意义，同时还可以帮助我们了解和掌握形体的透视变化，把错综复杂的物像通过透视分类加以理解分析。

2.3 透视在画面中的运用

北宋画家郭熙在《林泉高致》中写道："自山前窥山后谓之深远，深远之色重晦，山势重叠；自近山而望远山谓之平远，平远之色有明有晦，山势冲融而缥缥缈渺；自山下而仰山巅谓之高远，高远之色清明，山势突兀。"他将山水画的构图和透视归纳为：深远、平远和高远。这"三远"实际上就是俯视、平视、仰视的透视规律在山水画构图中的运用。

●中国水墨山水画里的透视在构图中的运用示例 吴豫海《春云出岫》

在绘画实践中我们脑海里要明确知道透视原理，把握景物的透视规律以及画面空间感和体积感，才能准确表现出近大远小、近实远虚等透视规律。

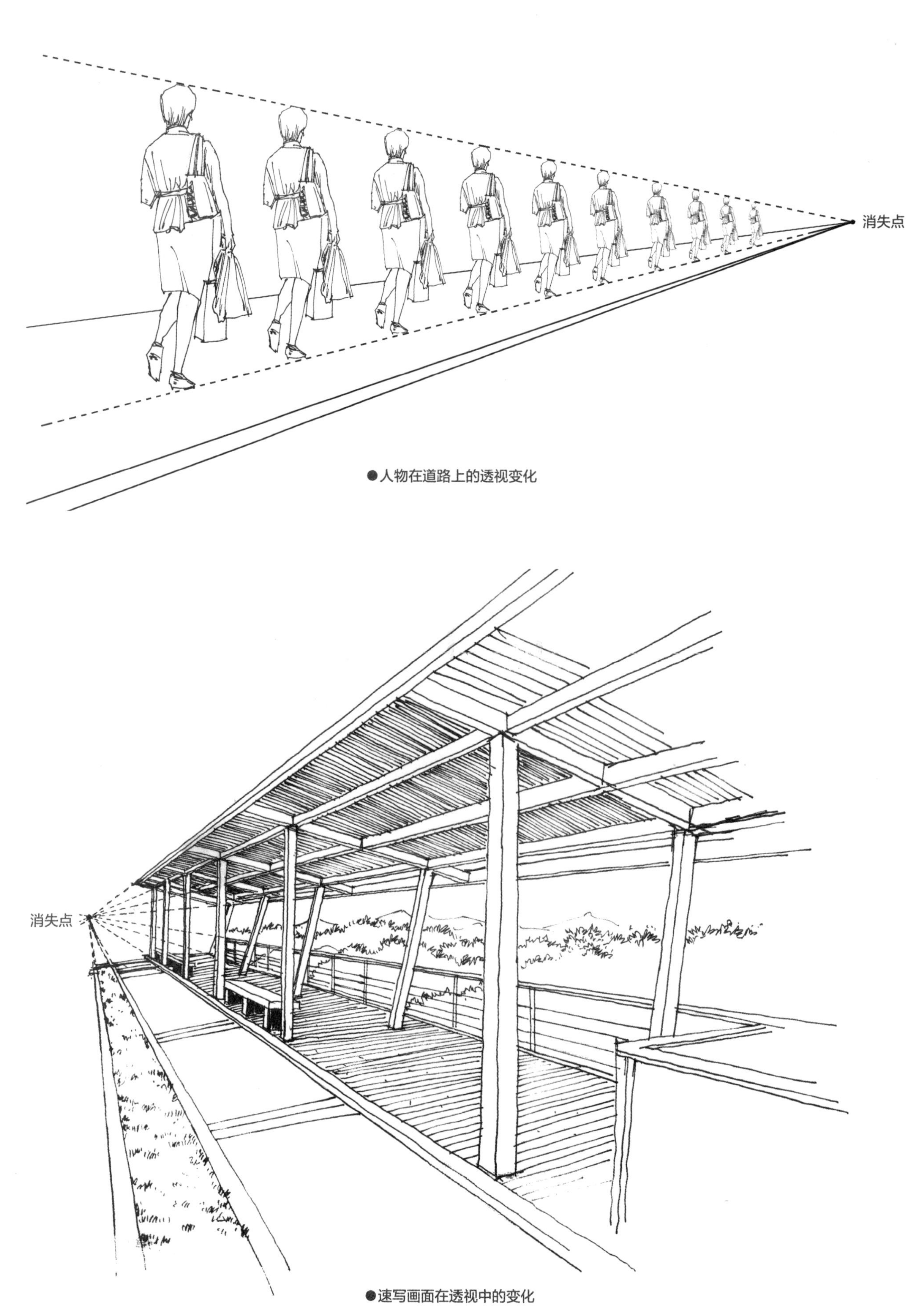

●人物在道路上的透视变化

●速写画面在透视中的变化

2.4 各种透视图的基本原理

根据透视原理和规律，一般将透视分为平行透视、成角透视、倾斜透视、光影透视。透视学的基本概念和常用名词很多，有视点、足点、画面、基面、基线、视角、视圈、点心、视心、视平线、灭点、消灭线、心点、距点、余点、天点、地点等。

2.4.1 平行透视（一点透视）的基本原理

平行透视也叫一点透视，即物体向视平线上某一点消失。一个立方体，如果有一个面与画面平行，那么它的透视变线（共4条）在画面中消失于灭点（心点）的作图方法叫平行透视，又称一点透视。平行透视的三组变线只有一个消失点，这个消失点就是视平线上的心点，并且立方体只有一个平面与画面平行。

扫 码 看 视 频

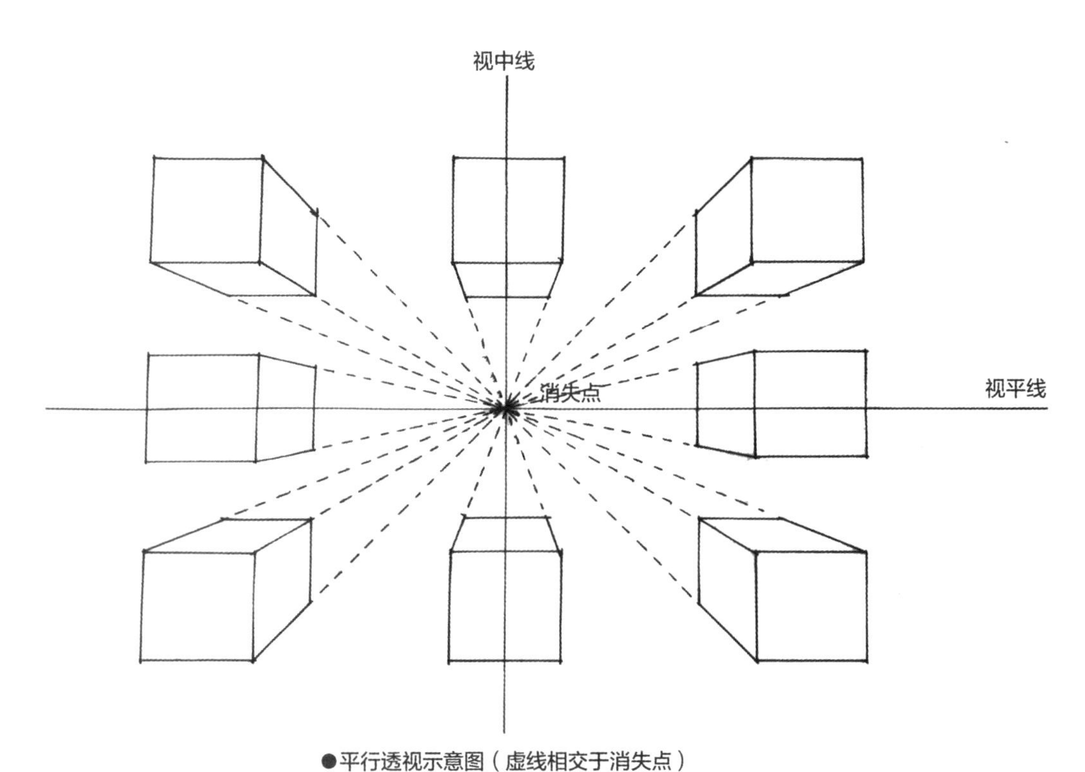

●平行透视示意图（虚线相交于消失点）

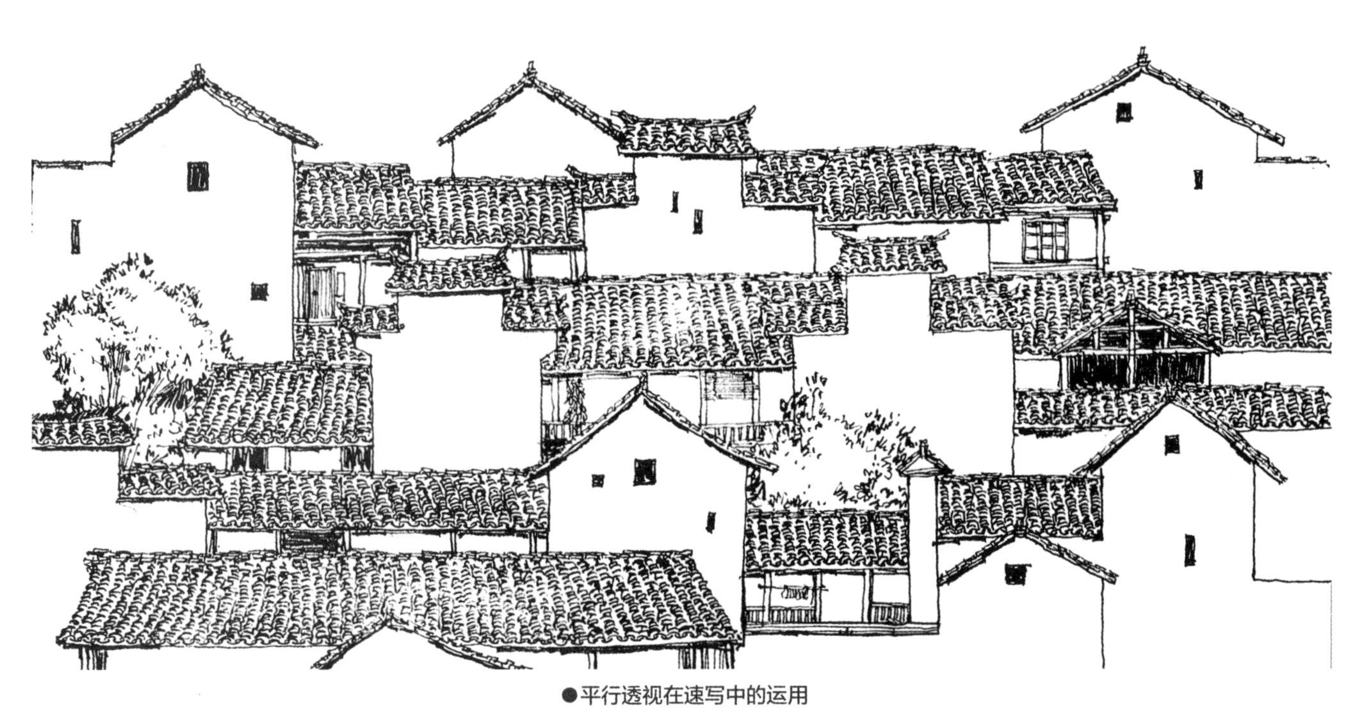

●平行透视在速写中的运用

2.4.2 成角透视（两点透视）的基本原理

一个立方体没有一个面与画面平行，并且立方体与画面成一定的角度，但有一条棱与水平面垂直，它的透视变线（共8条）描绘在画面中，分别消失于灭点的作图方法称为成角透视，又叫两点透视。成角透视具有两个消失点，且立方体没有一个平面与画面平行。

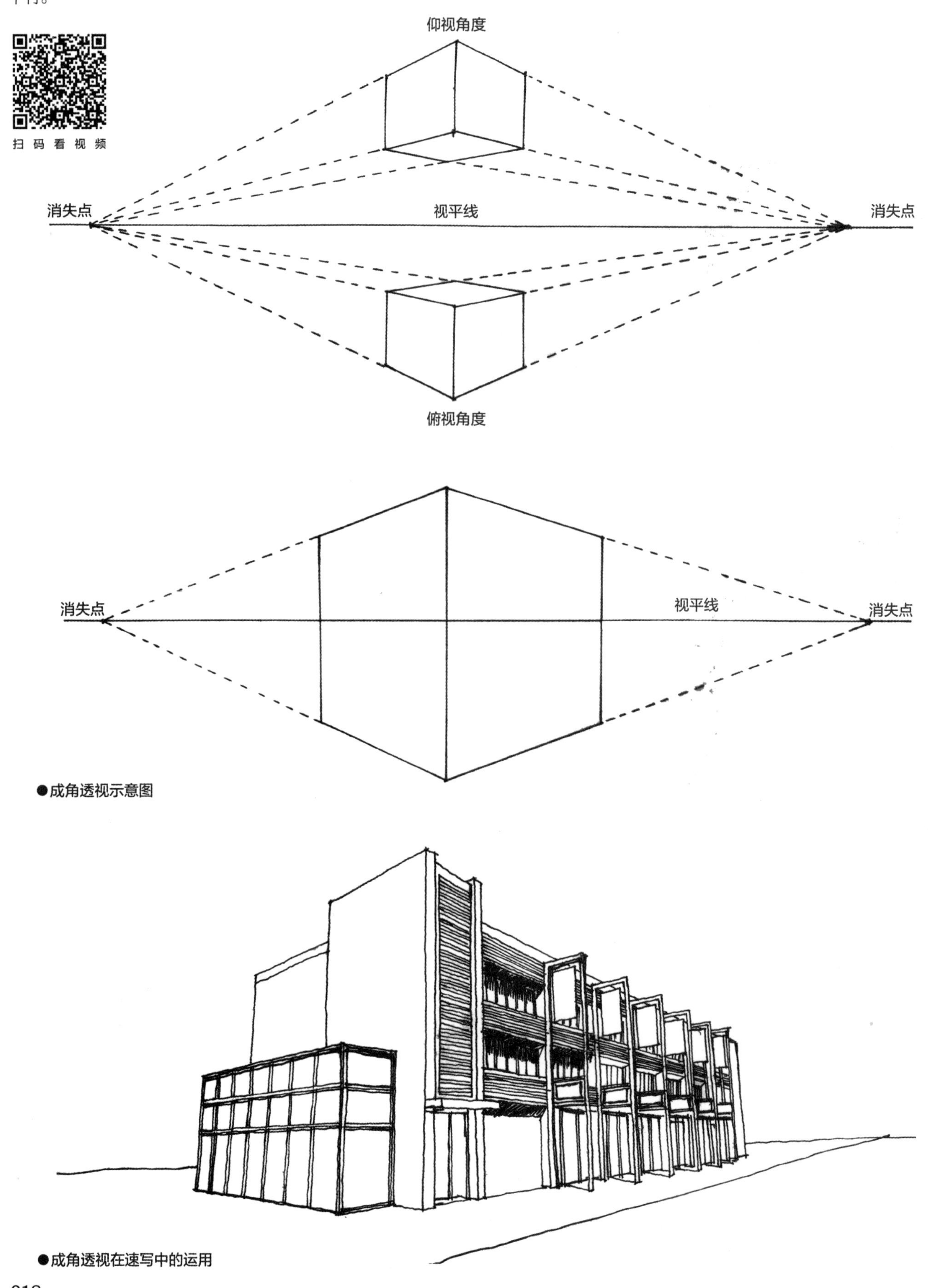

●成角透视示意图

●成角透视在速写中的运用

2.4.3 倾斜透视（三点透视）的基本原理

在透视中，组成物体的平面和基面不平行也不垂直而是形成一定的角度，它们相互平行的边线成为了透视变线，倾斜状的平行线向上延伸消失于天点，或向下延伸消失于地点，有近大远小的变化，这些平面所产生的透视现象就称为倾斜透视，又叫三点透视。

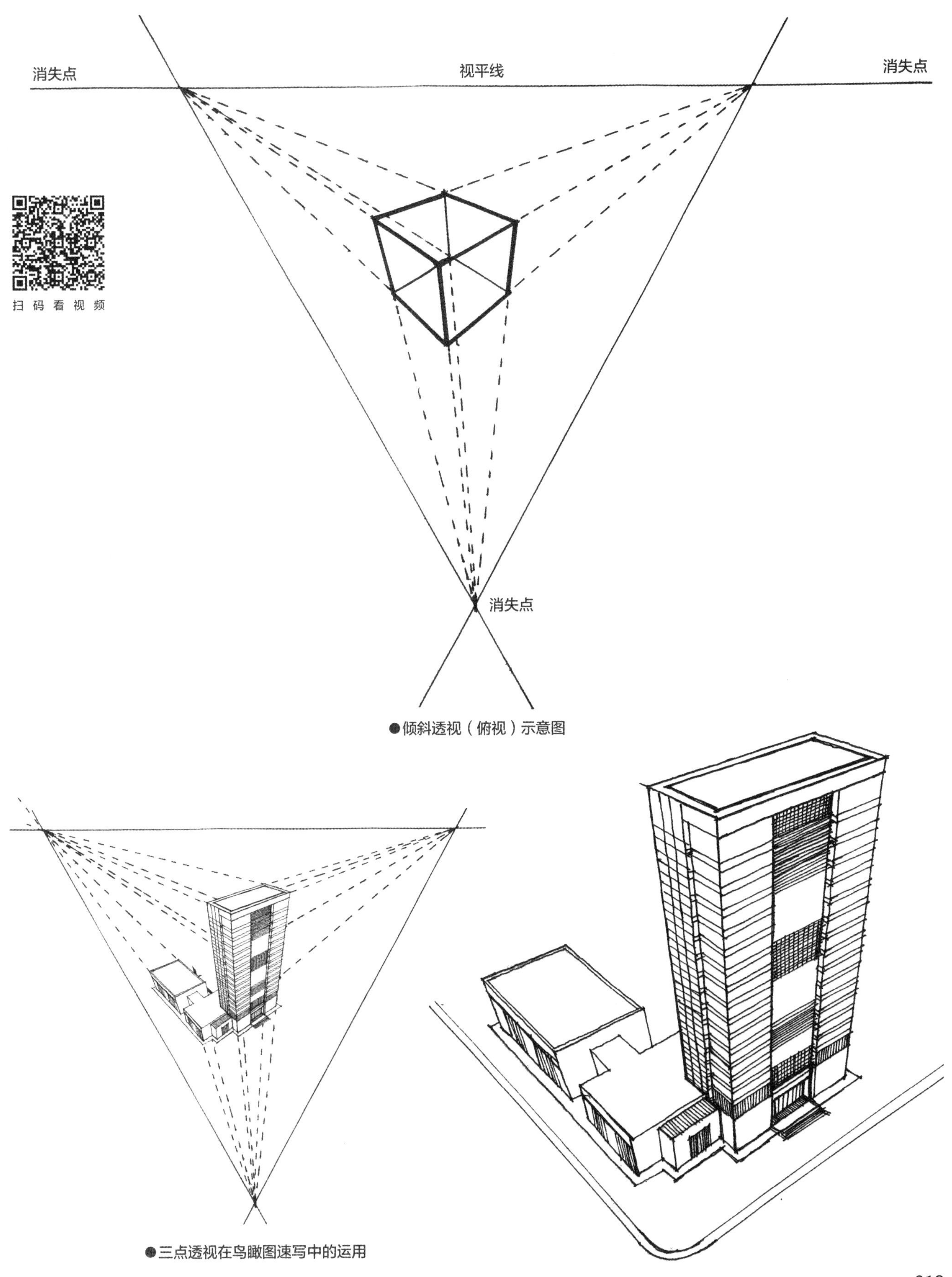

●倾斜透视（俯视）示意图

●三点透视在鸟瞰图速写中的运用

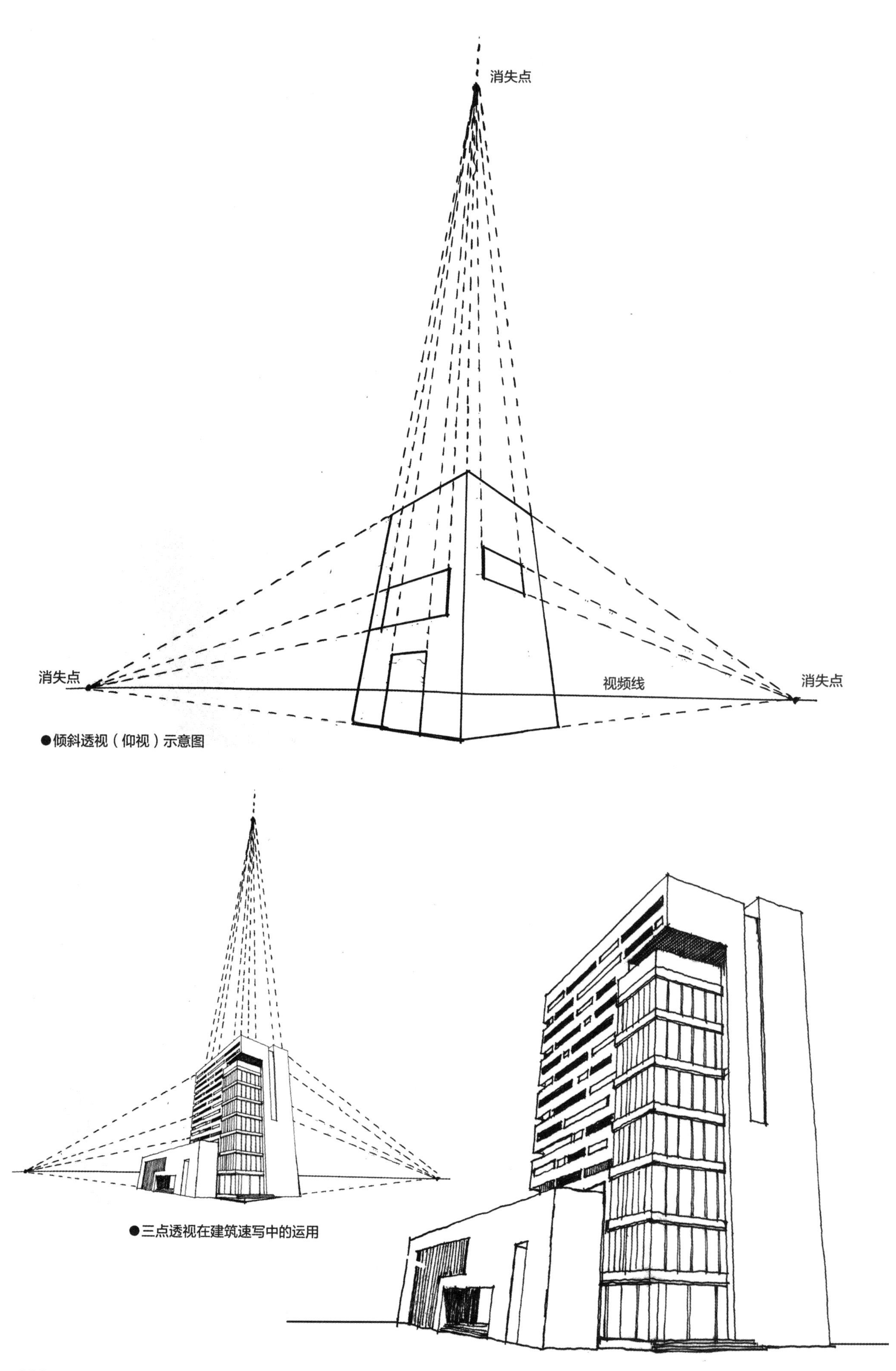

●倾斜透视（仰视）示意图

●三点透视在建筑速写中的运用

2.4.4 光影透视的基本原理

物体在光的作用下呈现出亮部、明暗交界线、暗部、环境光（如果是高反光材质还会有高光）等几个部分。阴点就是暗部顶端的点，多在结构性的转折处，所以即使是圆形或不规则物体同样可以找到它的阴点。有了光就产生了明暗，会形成阴影。在画面上一旦有了明暗光影的变化，就可以产生立体感和空间感，使对象的形体和所在的空间位置一目了然。

扫 码 看 视 频

●物体在受光状态下会产生高光、明暗交界线、暗部、环境光

按照光源位置画阴影的方法很多，但是在草图表现中主要还是使用最简单的侧光。

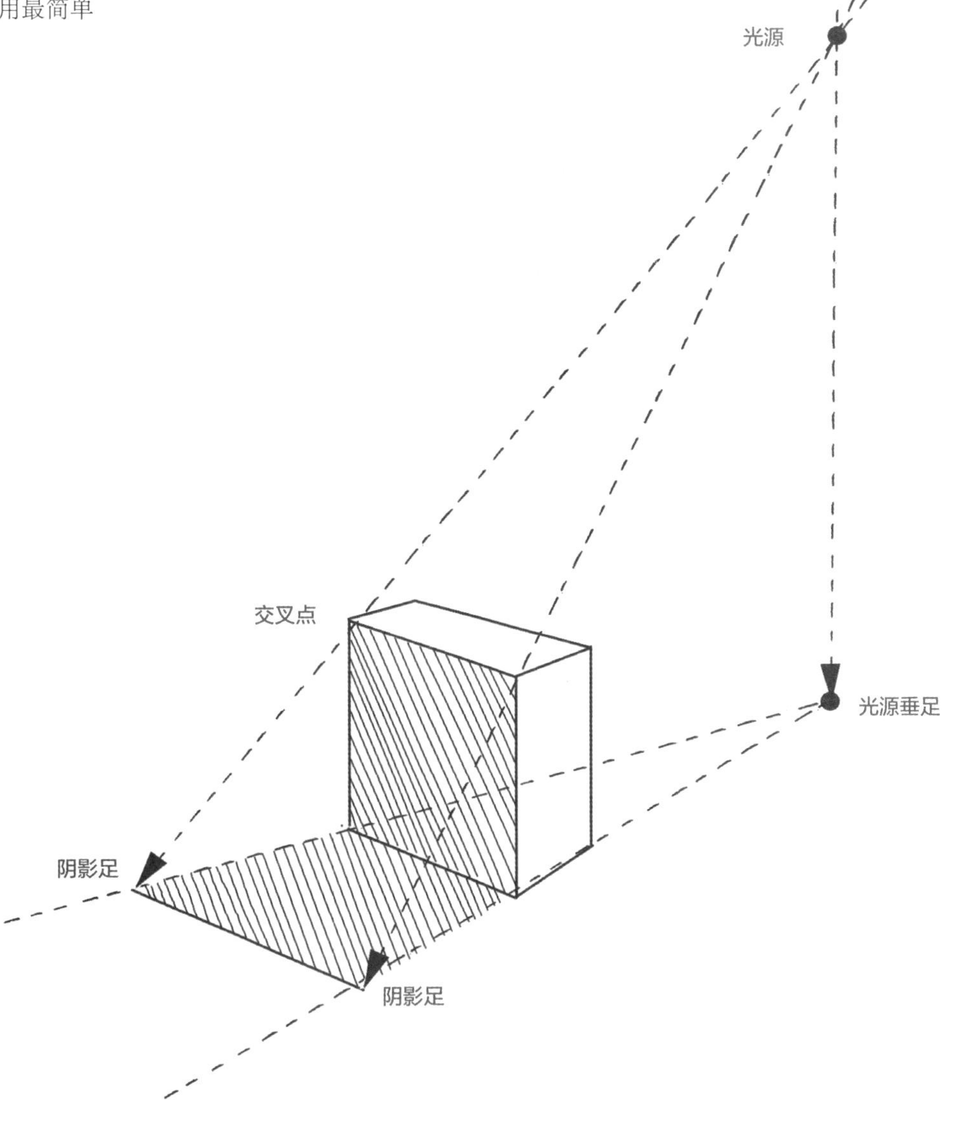

●通过光影透视得到的阴影部分图例

2.4.5 圆形透视的基本原理

除了直线会发生透视现象外，弧线也会发生透视现象。图形透视的基本规律有两点。第一，上下左右边线平行于画面的圆的透视仍为正圆形，只有近大远小的透视变化，圆心相同半径不同的圆叫做同心圆。第二，垂直于画面的圆的透视一般为椭圆，它的形状由于远近的关系，远的半圆小，近的半圆大。垂直于画面的水平圆位于视平线上下时，距离视平线越远，圆的视觉面就越宽。

扫码看视频

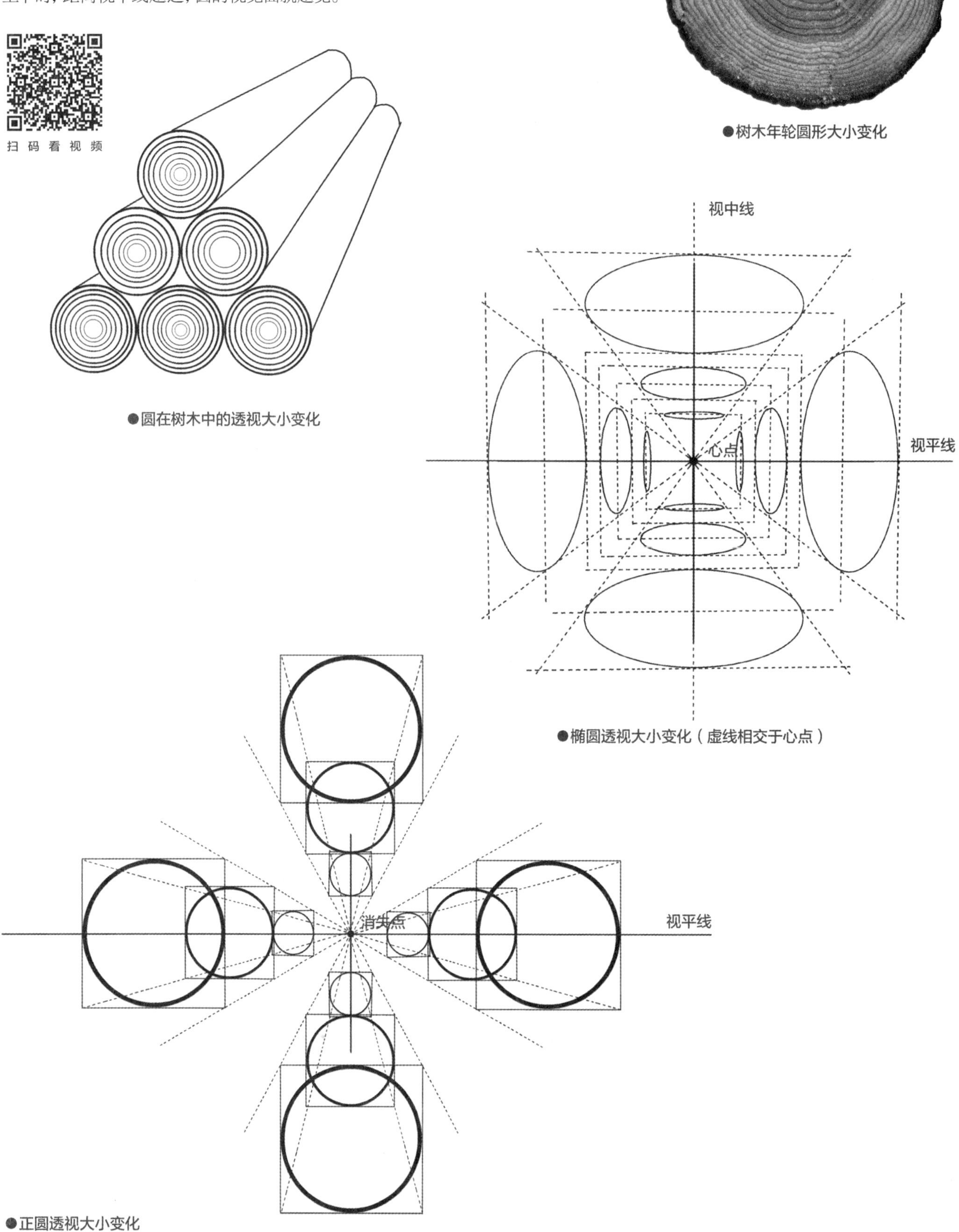

●树木年轮圆形大小变化

●圆在树木中的透视大小变化

●椭圆透视大小变化（虚线相交于心点）

●正圆透视大小变化

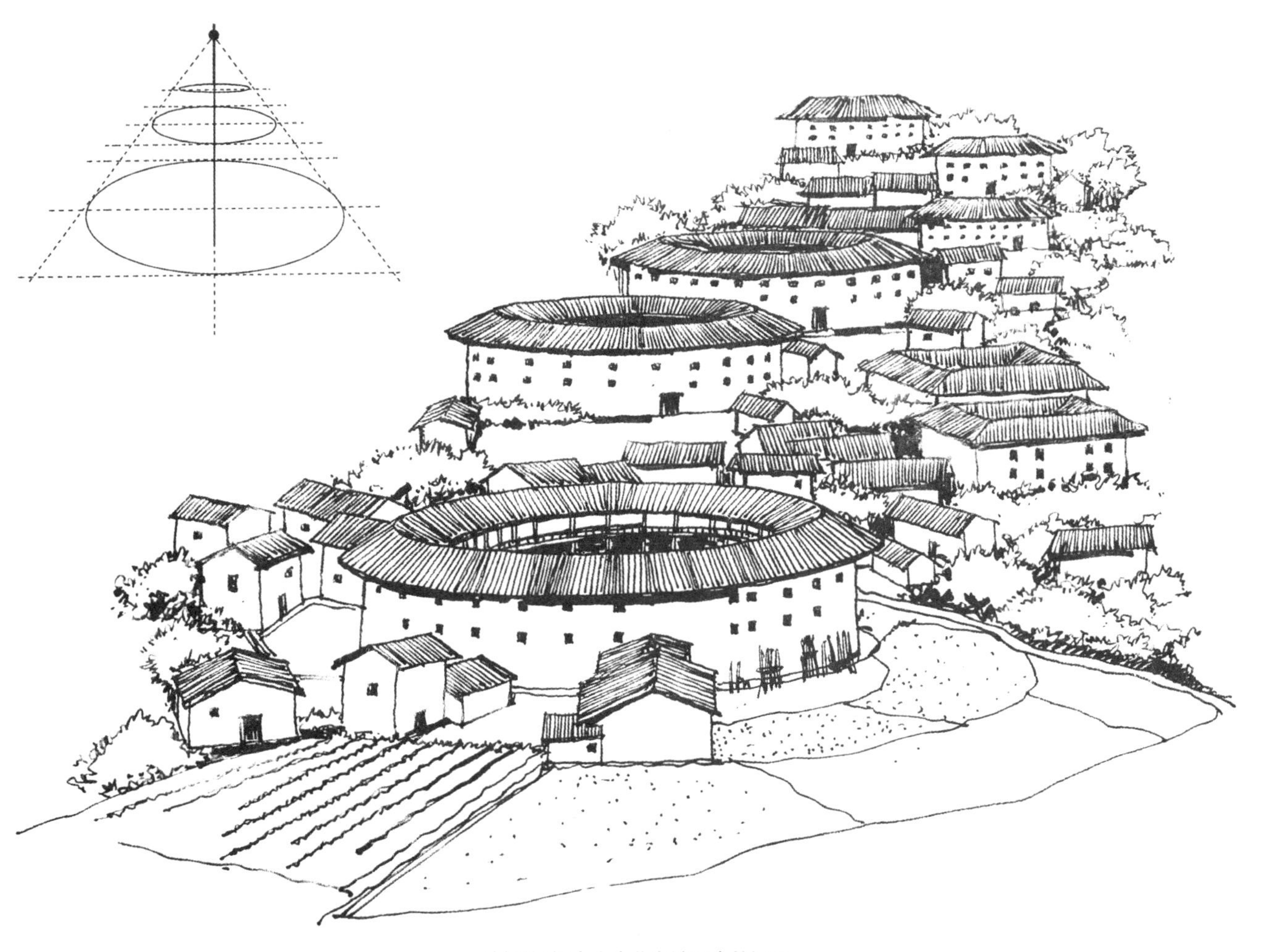

●椭圆透视大小变化在速写中的运用

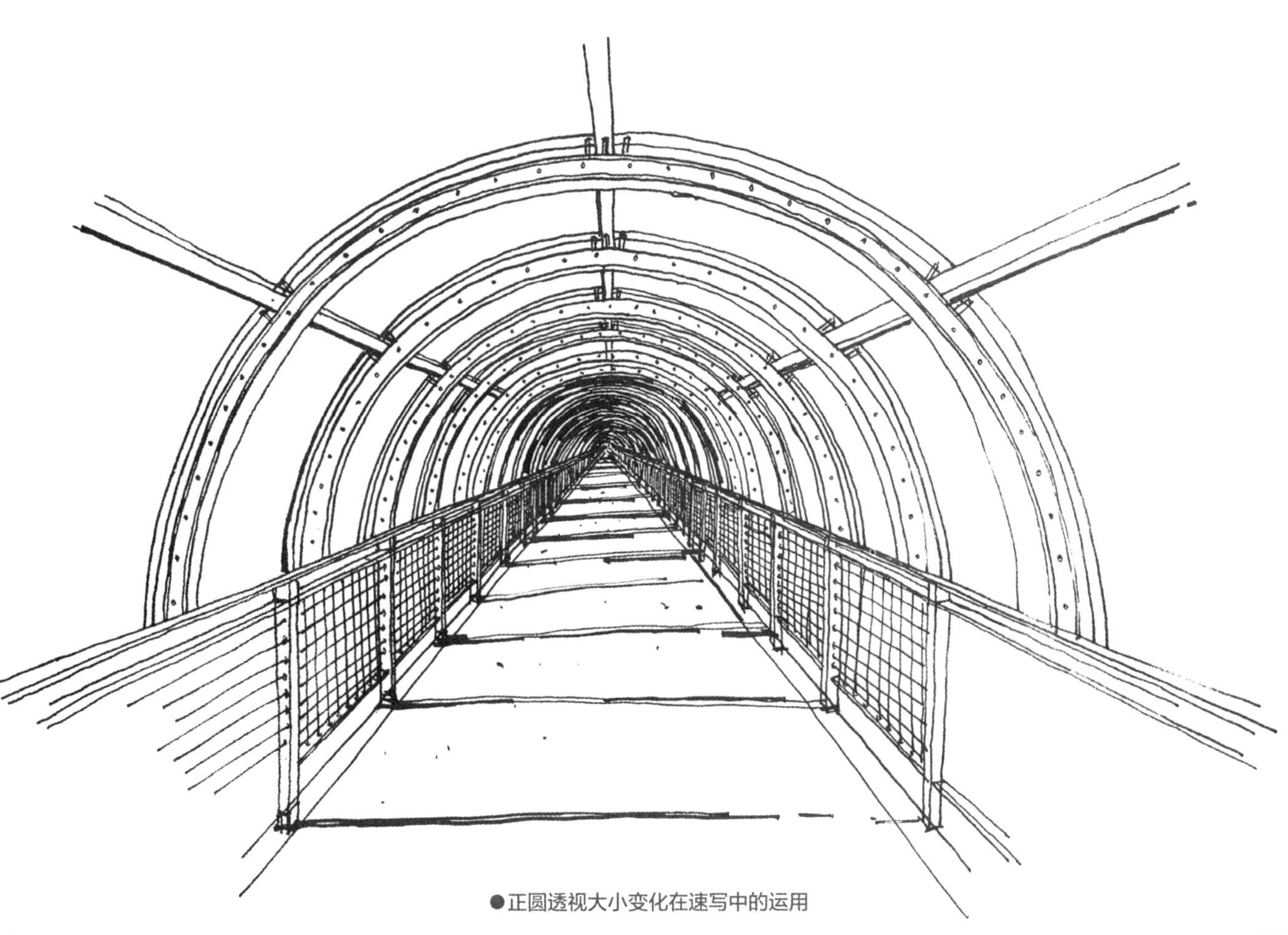

●正圆透视大小变化在速写中的运用

第3章

建筑景观速写要领

3.1 速写的构图形式

在构图时，首先要注意画面的对称与统一，要保持均衡、和谐的关系，让画面的效果符合人们的审美习惯。其次在构图过程中要兼顾画面的透视、对比、节奏对构图的影响。在以后的建筑设计和景观设计创作过程中，建筑速写是体现设计构思意图，使构思形象化的一种重要表达方法。速写不但能够快捷地反映构思过程，记录形象思维的灵感火花，而且还是不断推进构思深化的重要手段。

在画面构图时，应当以纸张上下左右为边界，内容尽量饱满。这里用A3大小的速写纸举例，初学者常常会出现如下所示的几种不理想的构图形式。

1.主体内容太小且居中，使得画幅比较小气。

2.主体内容处于左下角，相对于整个图幅来说重心不稳，造成比例失调。

3.主体内容处于中间偏下，造成画幅上半部分空间浪费。

4.主体内容处于右上角，相对于整个图幅来说重心不稳，看起来不协调。

5.主体内容处于图幅左侧，使得整个图幅空间不美观。

6.画面构图应当均衡、协调，符合大众审美习惯。

1. A形构图

初学者在速写过程中，可以采用的构图形式多种多样，许多建筑大师和绘画大师在构图艺术上进行了不懈的探索，我们只有在平时的学习中不断总结摸索，才能创造出具有较高艺术性的建筑速写作品。建筑速写除了常见的"透视构图法"之外，还有一些常见的构图方法，如A形、X形、V形、K形、S形、L形、圆形、扇形等不同的构图方法，下面给出几种图示举例。

2. X形构图

3. V形构图

4. K形构图

5. S形构图

6. L形构图

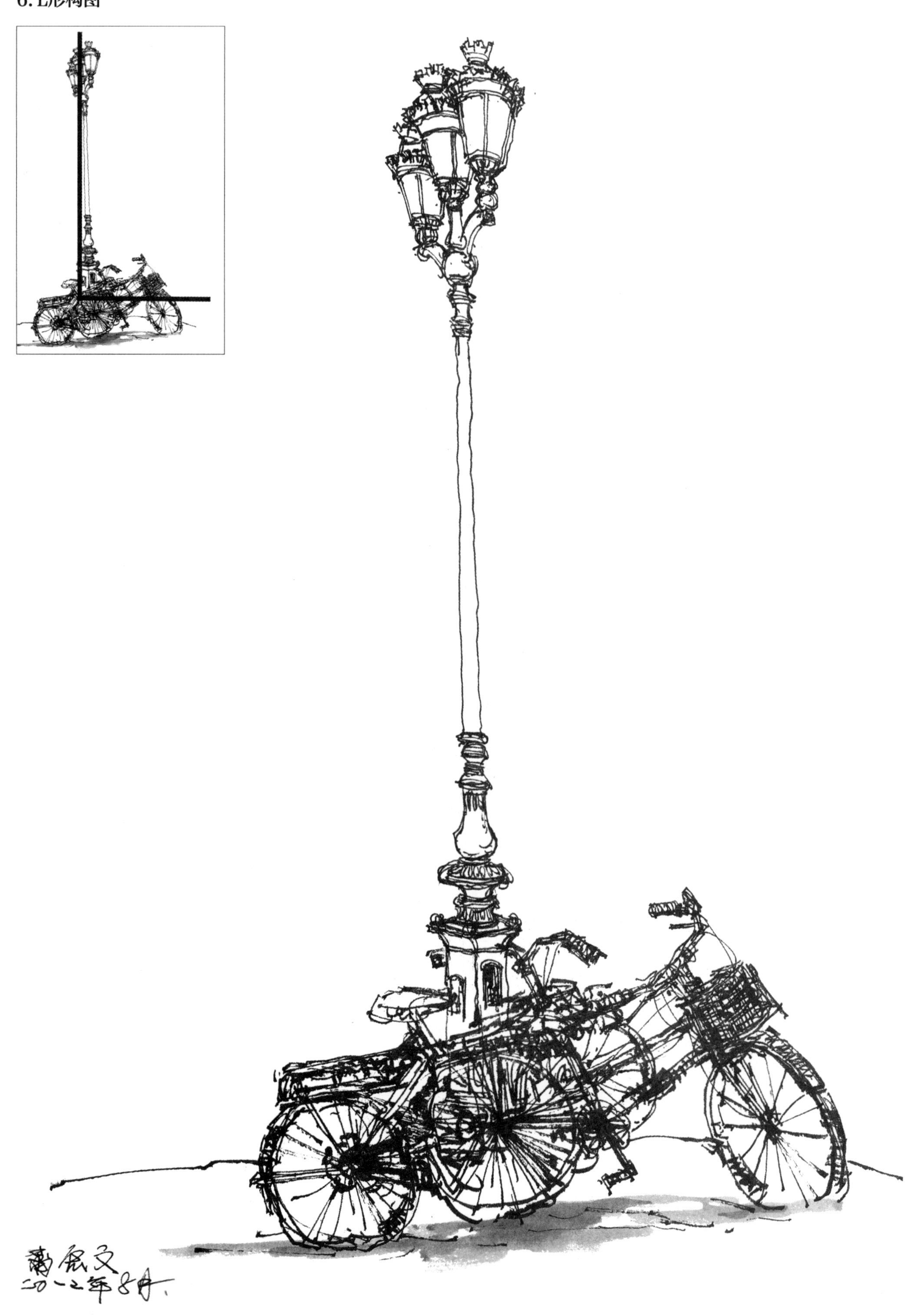

3.2 速写的观察与取景

在面对繁杂的景物时，如何才能做到构图合理、取舍有度、主次分明？既不能将所看到的全部画下来，也不能对景物纯粹模仿，追求绝对的真实。在观察选景和构图时，应当将所掌握的专业知识（透视学、空间体量感、尺度比例、方向进深感等造型语言）体现到画面中。

“古语云：弱水三千，只取一瓢。”建筑景观速写和其他绘画速写一样，首先遇到的问题就是取景。取景的关键在于抓住建筑最具美感和特点的地方加以表现。不同的建筑具有不同的建筑风格美感，在取景和构图时要抓住建筑的特点，任何过分的变形与夸张都是不合适的。要做到取舍合理、主次分明、空间明确、造型严谨、透视准确，遵循艺术与科学相结合，才能真正体现出建筑的风貌和特点。

●场景取景范围示例　场景照片摄影：蒲宏文

●场景取景速写示例

提示：

速写的取景与用相机拍照片时的取景是一个道理，初学者应该多练习用相机进行取景，拍摄自己感兴趣的景物，学习如何构图，摄影构图与速写构图相辅相成。

●场景照片摄影：蒲宏文

3.3 线条的重要性

线条是速写常用的表现手法，线条的变化是无穷尽的，有曲直、刚柔、方圆、粗细、长短、虚实、浓淡、节奏、韵律等。不同的线条能体现出不同的质感，线条的好坏直接影响到画面的优劣。因此，我们根据不同的景物，运用不同的线条来描绘出不同景物的质感和画面效果。在速写时，要注意线条的疏密关系，通过线条的虚实、疏密、穿插来表现出景物的空间层次和透视关系。

3.3.1 线条的练习

在进行线条练习时，用一张A4或A3大小的纸，在纸上标注好日期，开始通篇绘制密密麻麻的线条，以纸张的四边为参照线，先练习画横线，待横线练习成熟后便可练习画竖线。这样坚持一个月后，便可以进行简单的速写图形绘制了。当看到自己完成的画作时，就会感觉越来越自信，就这样慢慢地建立学习速写的信心。

扫码看视频

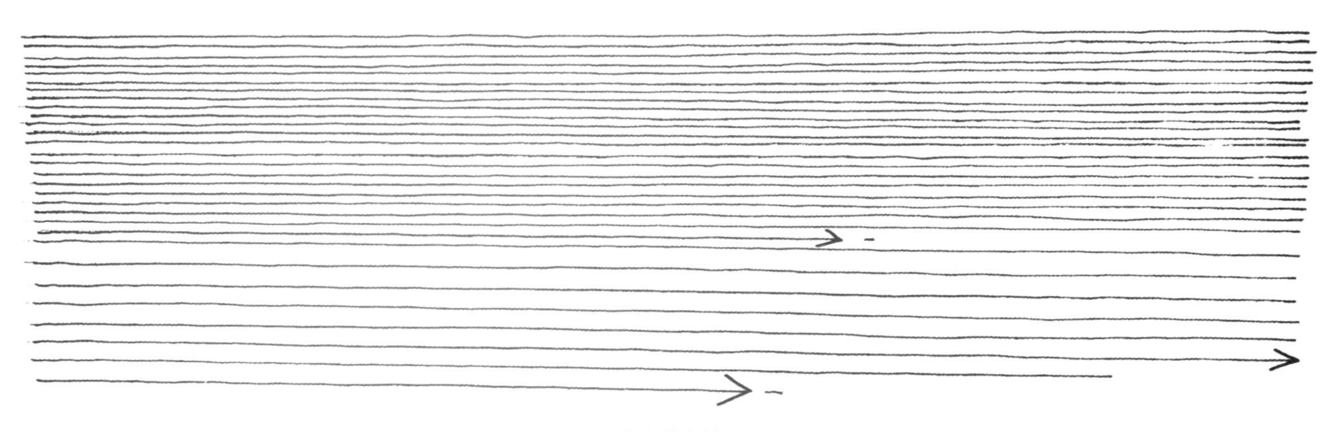

●横向线条练习

●不同方向线条练习

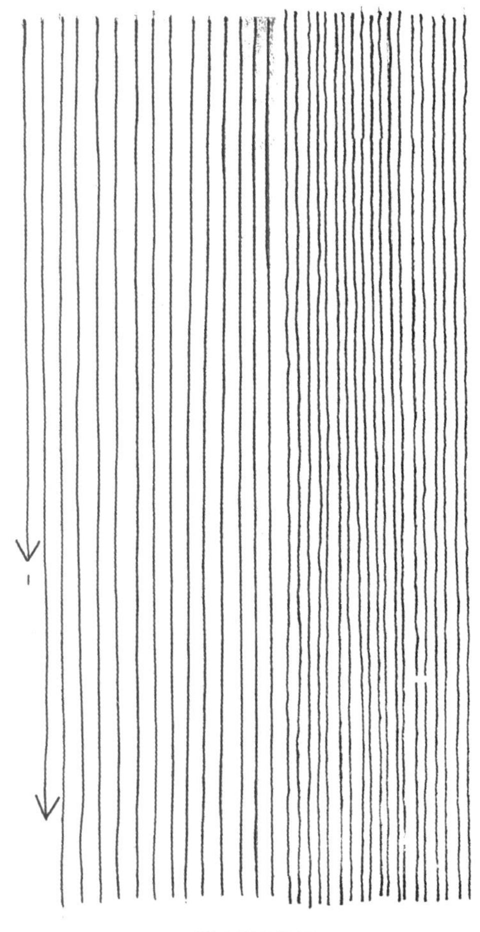

●纵向线条练习

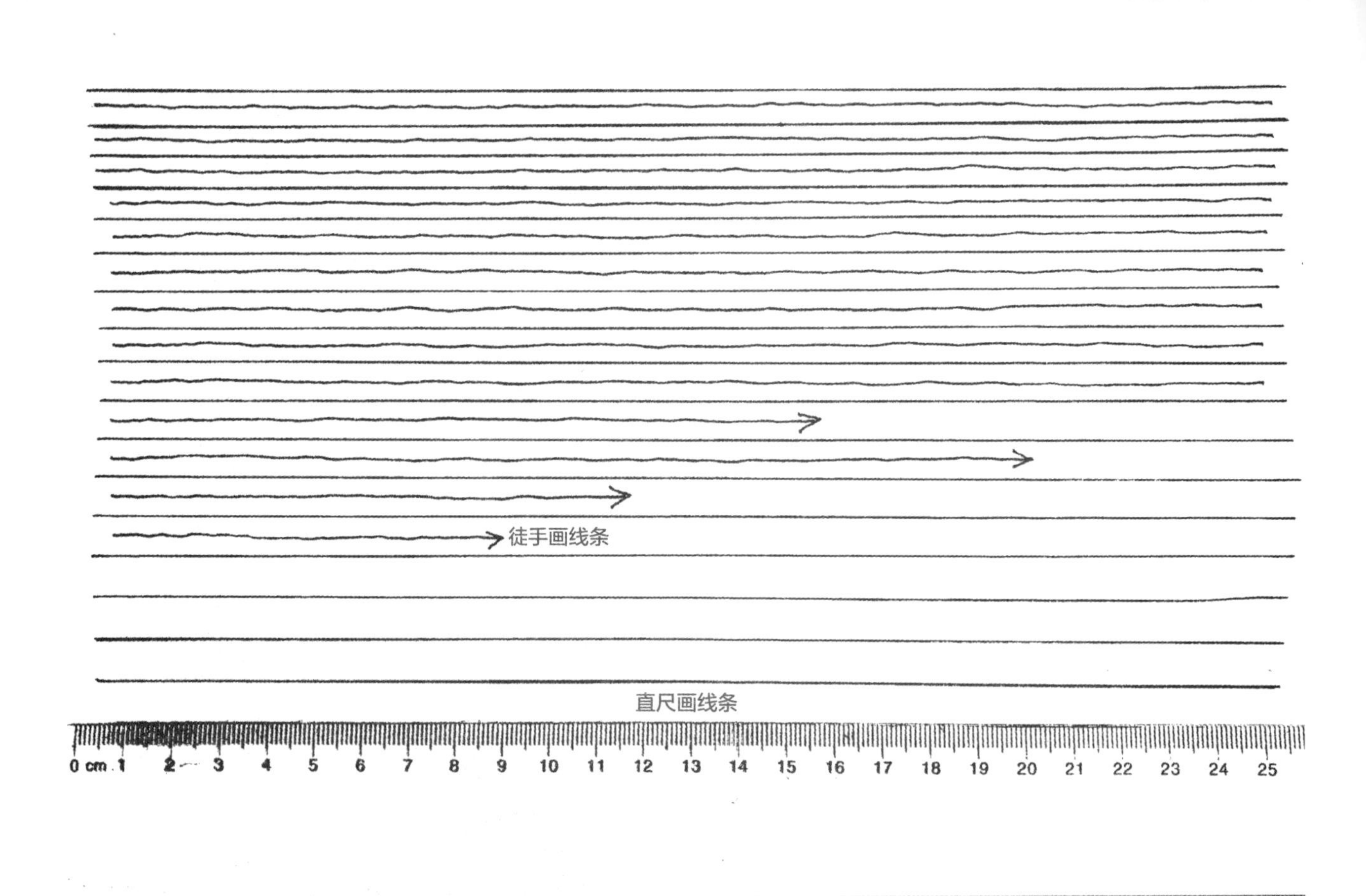

在线条练习中，为了训练画直线，我们借助平行直尺在A3纸上先画出两条平行直线，然后参考直线轨迹在直线下方徒手画出直线，画的同时注意徒手画线条与直尺画的线条保持平行，手腕力度保持均衡，不能断断续续和畏畏缩缩。徒手画的直线不一定要笔直，只要不要出现太大的波动，大致看起来是直线就可以了。

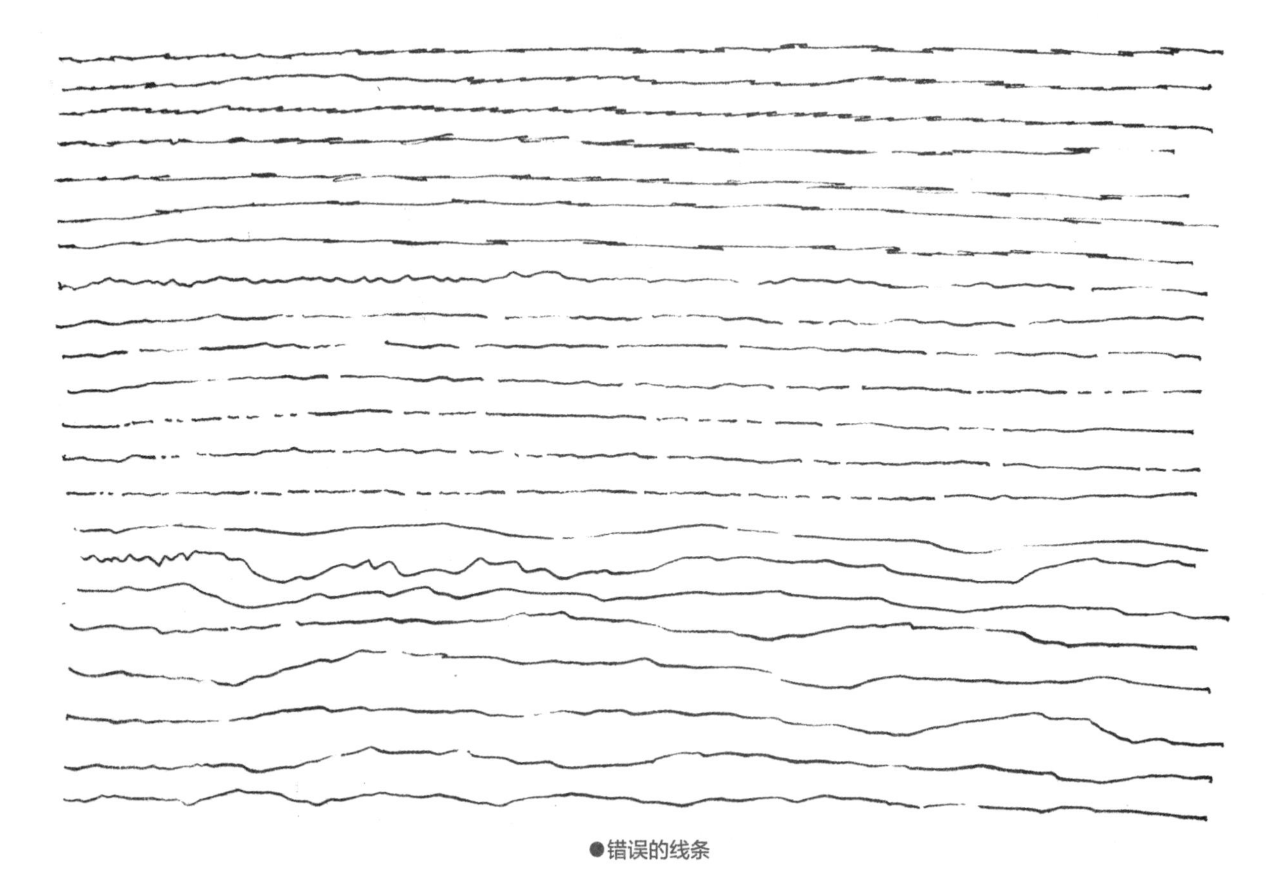

●错误的线条

在线条练习中，不能出现瑕疵线条和断断续续的不规则线条，更不能上下随意波动。那样的线条看起来没有精神，运用到速写中只会造成画面凌乱，使所描绘的景物结构模糊，达不到绘画要求和想要的效果。

3.3.2 画好线条的方法

初学者在进行线条练习时，可以把手腕抬起，一笔到底，横向画满了就画纵向，然后45°倾斜，一张纸可以画很多根，画满每一张，坚持一个星期。这样的线条基础练习对于初学者来说非常重要，要给自己制定一个"三个月计划"，合理安排每一时间段的学习计划，只要每天坚持一个小时或两个小时，三个月一定能有收获。

●线条疏密练习

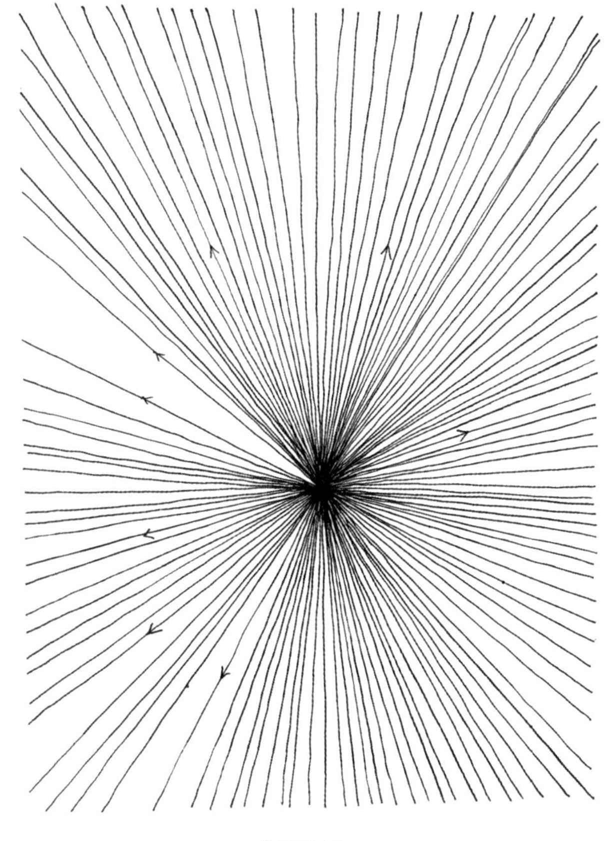

●射线练习

●等高线曲线练习

●斜线练习

3.4 点、线、面的运用

点、线、面是几何学里的概念，是平面空间的基本元素。在哲学中，任何一门艺术都含有它自身的语言，而点、线、面就是建筑景观速写独特的造型艺术语言。

“点”就是宇宙的起源，没有任何体积，是所有图形的基础。在自然界中，河边的沙石是点，落在水面上的雨滴是点，夜幕中满天的星星是点，树上结的果实也是点。

“线”就是由无数个点连接而成的，线是组成速写的根本元素。线是点运动的轨迹，又是面运动的起点。线的种类可分为平行线、垂线（垂直线）、折线、虚线、斜线、锯齿线、弧线、抛物线、曲线、双曲线、波纹线（波浪线）、蛇形线等。在日常生活中，城市里长短不一的公路是线，穿流不息的河流是线，动物界中的蛇也是线。

“面”就是由无数条线所组成的。点成线，线成面。扩大的点形成了面，密集的点和线同样也能形成面。面的形态是多种多样的，面有规则面和不规则面之分。圆形和正方形是最典型的规则面，这两种面的相加和相减，可以构成无数多样的面。

在建筑景观速写中，点、线、面是画面造型组成的基本元素，也是画面中必不可少的艺术形式。我们在绘画表现时，应当合理运用点、线、面来表现画面的空间感、层次感、结构感和艺术感。

●点、线、面关系在速写中的运用示例

3.5 黑、白、灰的运用

在建筑景观速写过程中，黑、白、灰是用来对画面层次节奏归纳概括的一种方式规律。黑白灰关系、空间关系、主次关系共同组成了素描作品的三大关系。黑、白、灰关系简单地说就是画面的整体调子关系，是组成画面基本关系的造型元素。在速写过程中，很多学生会把画面画灰，这是因为对色调不是很清楚，暗部画的颜色不够重，亮面画的太多。解决的方法是：重的地方要重下去，亮的要亮起来，灰色区域色调要过渡得和谐，这样就可以轻松画出黑白灰的基本关系。

如何处理好画面的黑白灰关系，首先根据描绘对象的明暗关系，在脑海里确定好画面的整体色调，是黑色调、灰色调，还是浅色调，然后再根据画面的大色调来确定出整体的黑白灰关系。黑白灰相互衬托，对比强烈，相互作用后，会产生意想不到的艺术效果，极其富有韵律感和美感。中国传统水墨画、欧洲的油画、版画等都将黑白灰运用得淋漓尽致。

怎样判断一幅建筑景观速写是否成功，如果构图完整、主体突出、造型准确（即透视准确）、明暗自然、整体关系完整，有艺术感染力，那就是一幅很成功的建筑景观速写了。

●黑、白、灰在画面中的运用示例

3.6 速写常见的主要关系

3.6.1 主次关系

在速写中，当画面中的主要景物刻画好后，次要景物的描绘以及与主要景物的关系就会迎刃而解。在风景速写或者建筑速写中，中景、远景、近景中的物体是我们表现的主要对象。一般来说，我们的笔墨要重点用在近景上，中景和远景次之，有时候重点也可以是中景，近景和远景其次。在哲学上，讲究的是主要矛盾和次要矛盾的关系，通俗来讲就是说，先处理处于支配位置的问题，然后解决处于从属位置的问题。

能够清楚地刻画近景的特征是创作建筑速写的第一步，在这个过程中，要把握好不同景物的不同特征。建筑速写相对有难度，因为古今中外建筑的类型很多，包括亭、台、楼、阁、廊等，各自的风格、结构、材料不同，对透视、空间、构图的要求也不同。因此，除了需要有扎实的构图能力和观察能力之外，还必须掌握不同建筑的基本结构特征，抓住主要形象，去展现人类赋予其中的力量和美感。

●主次关系在速写中的运用示例

3.6.2 虚实关系

古人曰："大抵实处之妙，皆因虚处而生。"虚实与轻重有关，虚实是为了体现画面的空间纵深感。为了不让画面单调，可增强画面的体积转折，用虚与实来相互衬托。根据近实远虚、近大远小的原理，在距离自己近的位置，线条的表现力度要重且繁多，反之距离自己远的位置就画得简单或者下笔清淡些。这样的建筑或风景速写才不至于层次不清、空间混乱、单调乏味。轻则虚，重则实，以虚衬实，以轻托重，互相衬托就可以表现出形体的结构特征。

扫码看视频

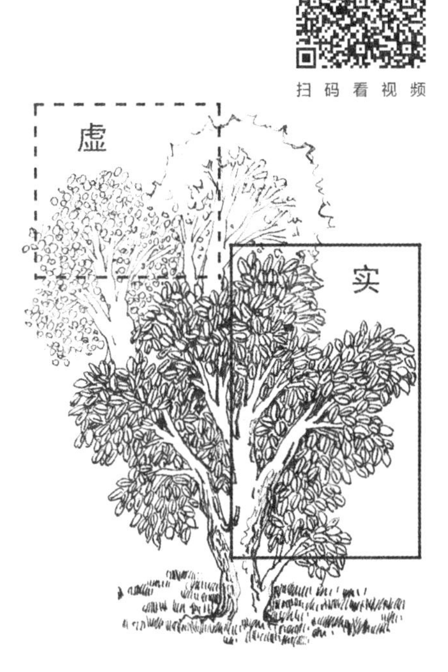

●中国水墨画里的虚实示例　吴豫海《春云出岫》局部

●虚实关系在速写中的运用示例

3.6.3 疏密关系

古人所谓“疏可走马，密不透风”，也可称“疏中有密，密中有疏”。在建筑景观画面中，疏密关系也即取舍关系，取则密，密则繁，舍则疏，疏则简。疏密来自取舍，对比则是取舍的依据，根据建筑的形态特征进行取舍，在大的疏密关系把握下，还要注意具体的疏密变化。

提示：

相对于屋顶的瓦面来说，空白处即疏，相反则密；相对于墙面来说，墙面即疏，屋顶则密。

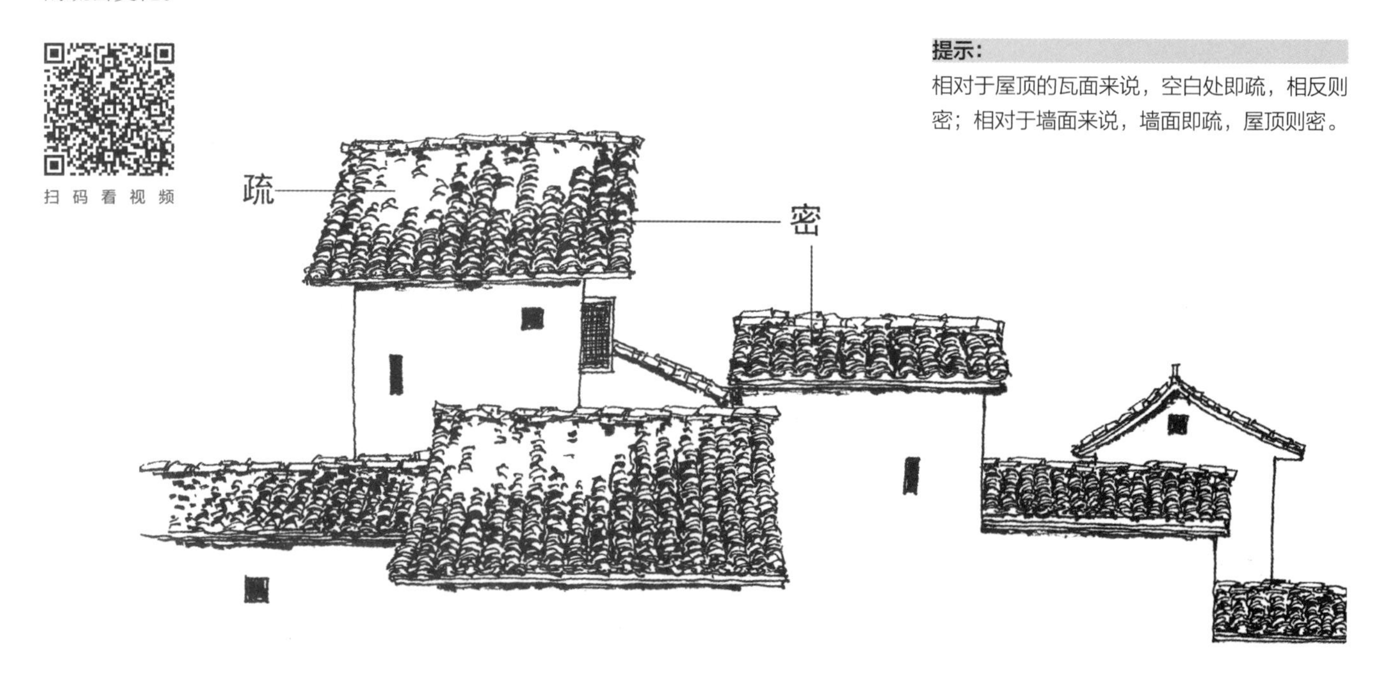

疏密关系即疏则是画的少，密则是画的多。一张画里，如果画面非常密集则给人喘不过气来的感觉，也很难突出重点。有些地方该省则省，该画则画，将不需要表达的地方留白处理，将需要表达的地方画详细，所以画中应该有疏有密才能产生视觉均衡。

●疏密关系在速写中的运用示例

3.6.4 明暗关系

明暗关系即光影关系。建筑速写的明暗关系是通过光线照射在景物上所产生的色调阴影变化来体现景物的空间关系和体面关系，从而来表现出景物的形体特征。在画面结构体面关系上，强调明暗对比，来突出景物的结构特征，注意把握好受光面与背光面的衔接过渡关系。通过明暗、虚实、黑白变化来突出画面的重点对象，并且表现层次感、体面感和空间感。

●明暗关系在速写中的运用示例

第 4 章

基本元素的表现和绘画方法

4.1 景观元素的表现方法

世界上的景物千姿百态，各具特色，一般分为两大类：一类是自然景观，如花草树木、山川湖泊、云雾水流等；另一类是人文景观，如各种民居、宫殿庙宇、亭台楼阁等。这些景观中的建筑元素种类繁多、结构复杂，我们在画之前要将它们归类、概括和取舍，要了解和熟悉它们的结构、形态、特征以及各部分之间的关系。只有这样，才能更好地去描绘它们、表现它们，甚至设计它们，任何大的景物都是由小的东西组成的，所以初学者应该从临摹开始，从最简单的景物开始画，从局部结构着手。在临摹时要做到眼、手、心的配合，学习对形体的概括提炼以及质感的表现和体积关系的处理。同时，可以尝试把其应用到写生或勾画照片中，在实践中提高对形体的把握能力和概括能力。

下面，根据建筑速写中常见的题材元素，分别介绍砖、瓦、草顶、植物、山石、水与建筑速写的基本画法及步骤。

4.1.1 砖墙的画法

砖墙是建筑中最为常见、不可或缺的部件，也是我们描绘建筑风景时经常面对的题材元素。画砖要注意体量感、空间感、肌理感和质感。对砖墙主要以水平缝隙来表现，小比例的砖墙只要画出水平缝隙就可以了。

砖墙的画法与步骤：先画出长方体的形状，再细心观察，参照实景砖墙的结构形态进行刻画。画时要注意虚实结合、近实远虚，以及砖与砖之间的错落关系和线条的连贯性。

下面介绍4种传统砖墙局部纹理的表现方式。

扫 码 看 视 频

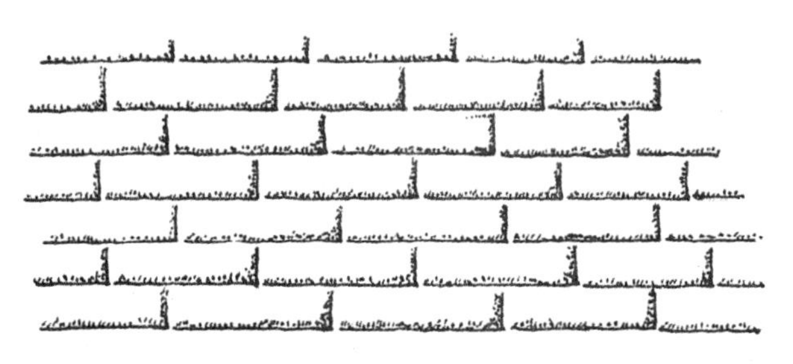

●用点来表达砖墙的细面纹理

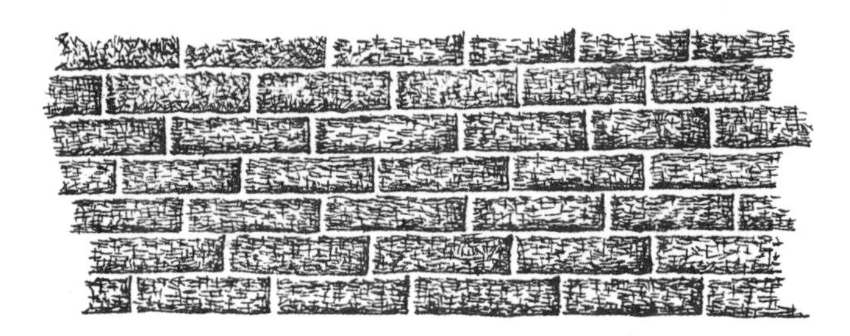

●用无一定方向的不规则的短乱线来表现砖墙的粗面纹理

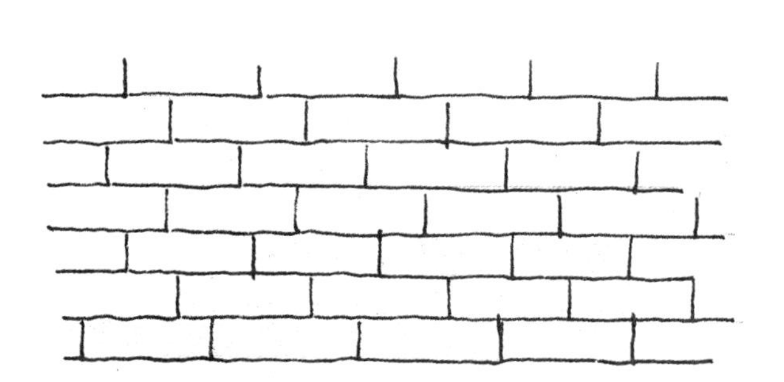

●砖墙的传统表现方式：砖块扁平，竖缝错开

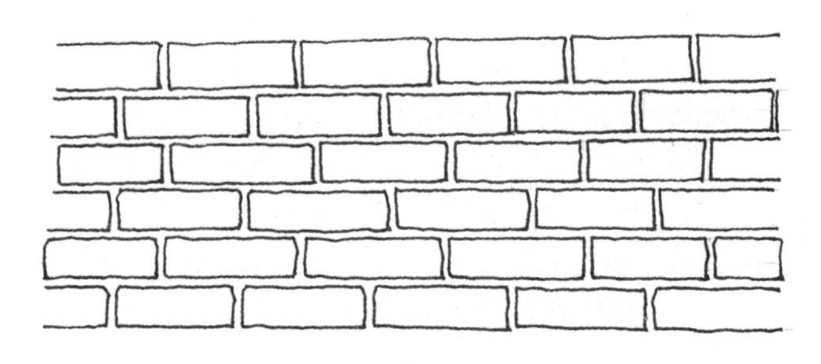

●砖墙立体感的表现方式：横竖缝隙间隔均匀

4.1.2 瓦和草顶的画法

1. 瓦的画法

瓦的结构较为简单，一般可分为蝴蝶瓦、琉璃瓦、平瓦等几种类型。对于初学者来说，画好屋顶的瓦对提高建筑风景速写水平有很大的帮助。在画瓦的时候要注意观察瓦的基本结构，要时刻注意疏密结合、错落有致、虚实渐变以及对瓦沟之间间隙的把握。在运笔时要时刻注意跟紧屋顶的透视走向，以免造成透视错误。有时候应注意留白，在该停的地方停，在该密的地方密，适可而止。

平瓦的画法与步骤

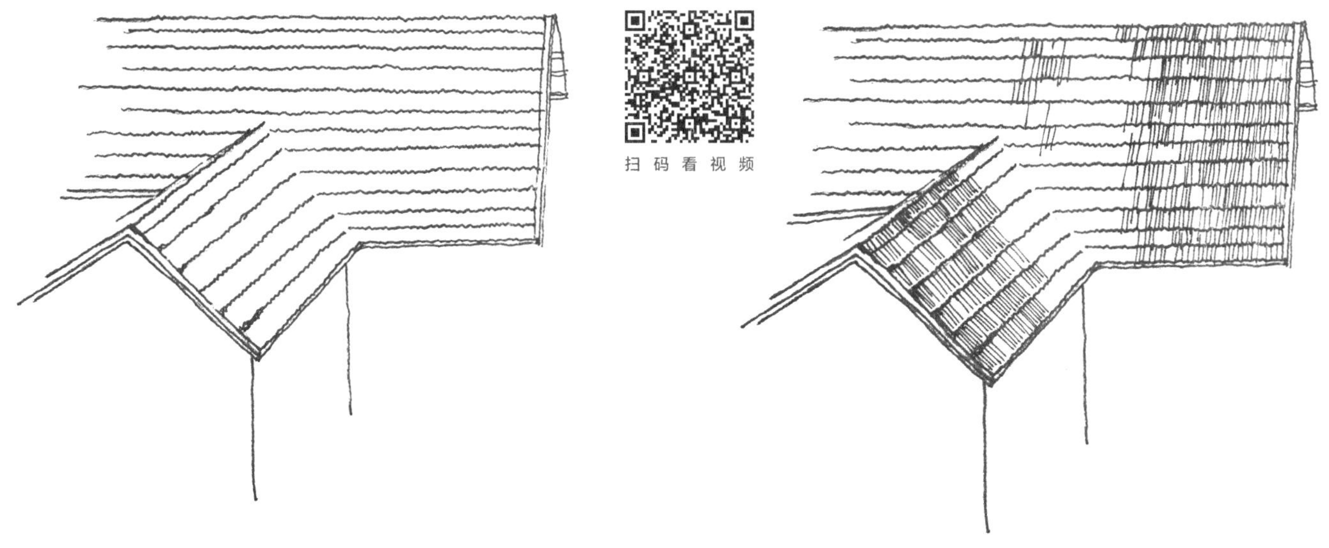

1. 画出屋顶大体的透视外轮廓。

2. 根据屋顶的特征勾画出具体细节。

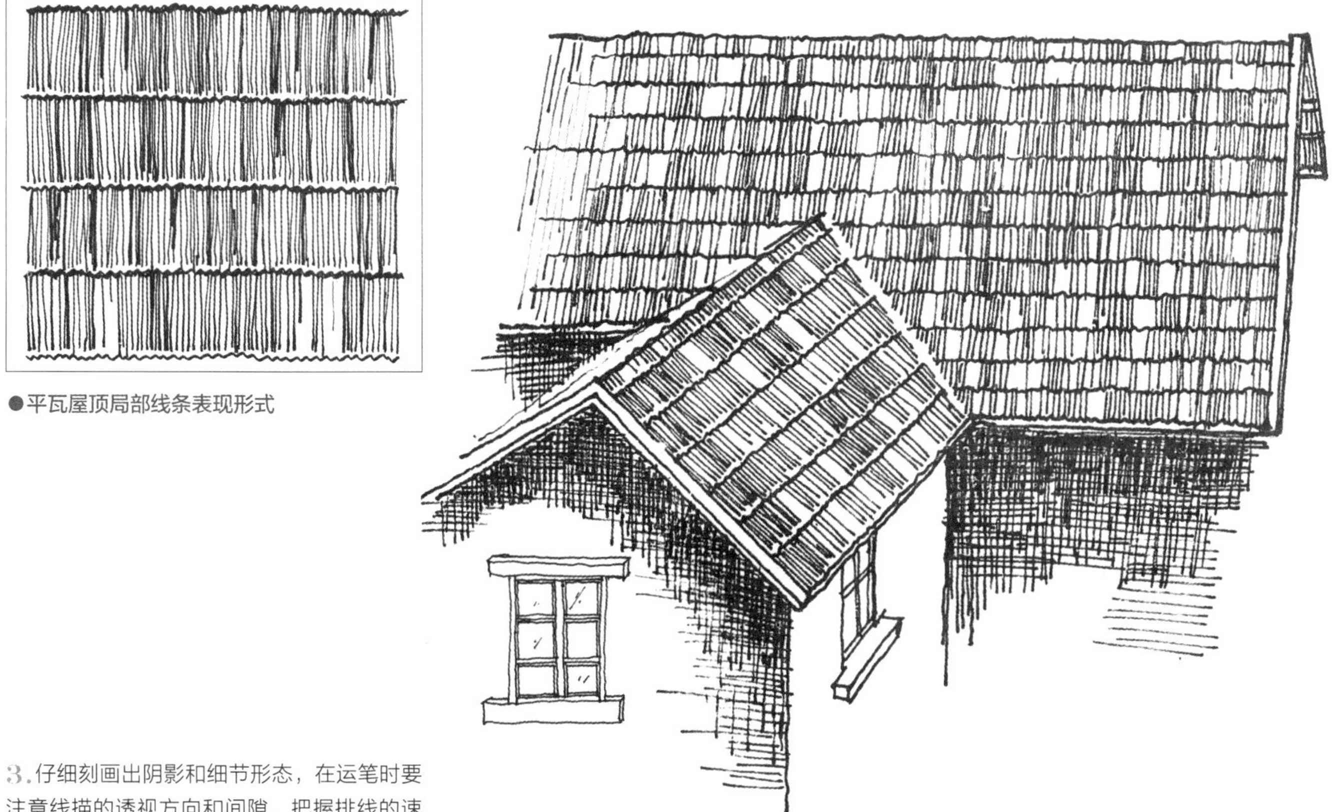

●平瓦屋顶局部线条表现形式

3. 仔细刻画出阴影和细节形态，在运笔时要注意线描的透视方向和间隙，把握排线的速度，注意虚实和疏密的处理。

琉璃瓦的画法与步骤

扫码看视频

1. 琉璃瓦多见于中国古建筑的屋顶，琉璃瓦的结构相对于平瓦和蝴蝶瓦来说较为复杂。初学者应当先观察其基本形态，用铅笔大致勾画出屋顶的透视外轮廓。

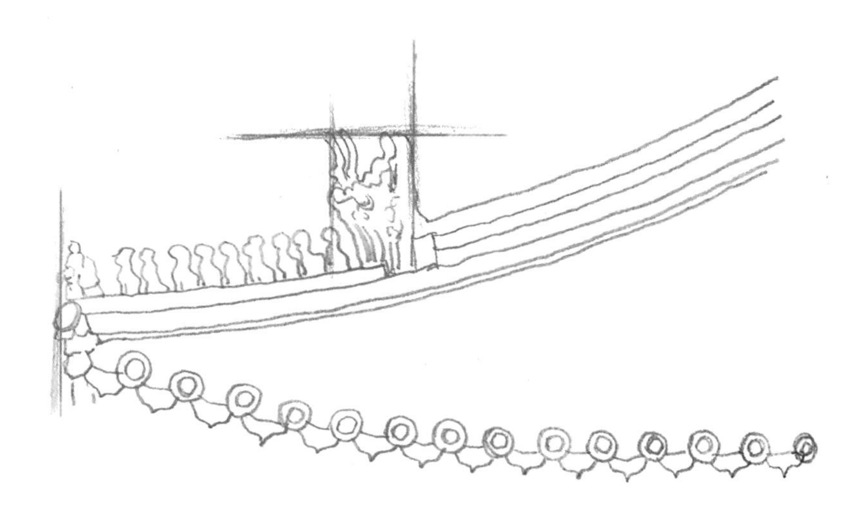

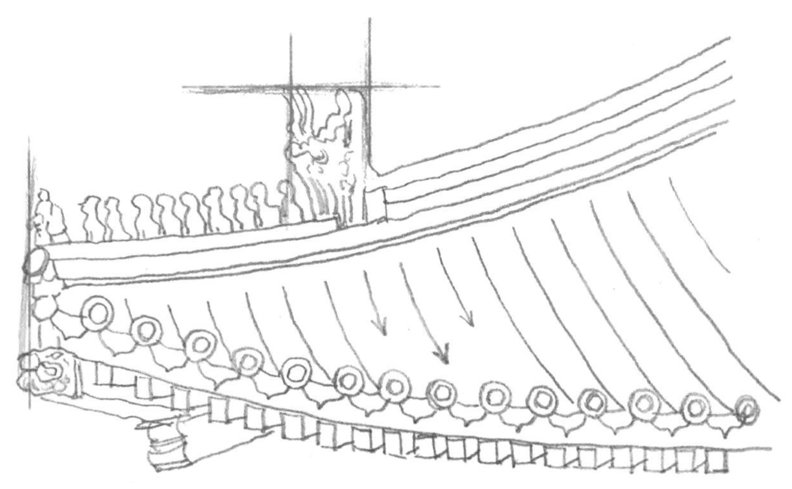

2. 画出屋顶琉璃瓦面瓦沟的基本线条骨架。

3. 进一步完善琉璃瓦瓦沟的细节特征。

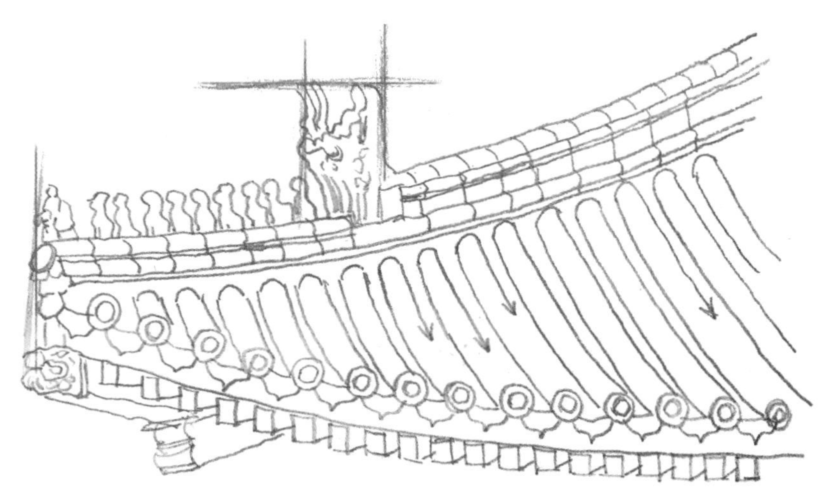

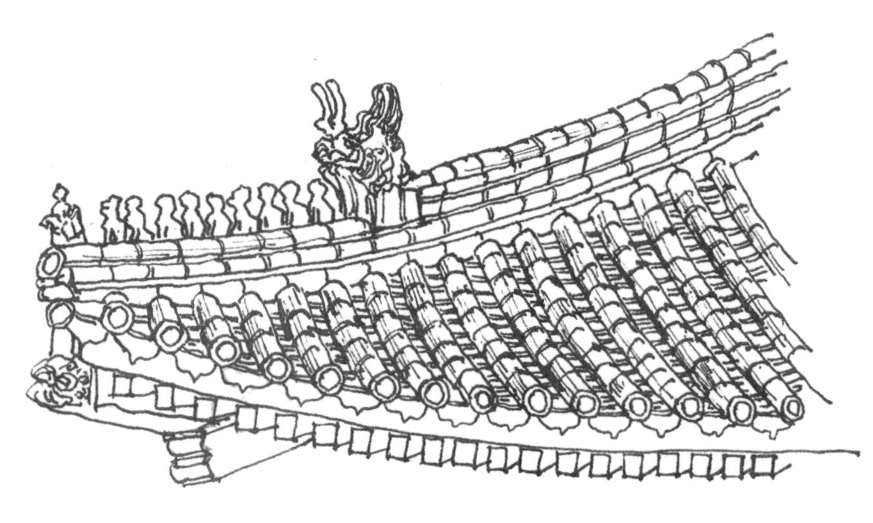

4. 根据铅笔稿用美工钢笔将琉璃瓦描绘出来并完善整体。

蝴蝶瓦的画法与步骤

扫 码 看 视 频

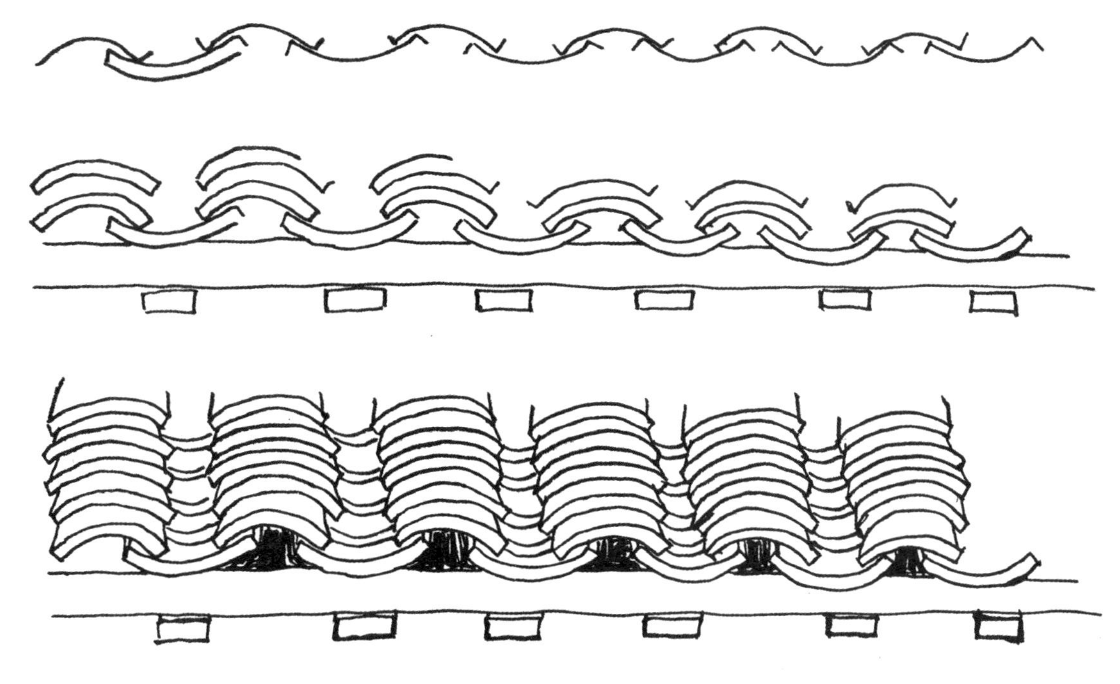

●屋顶的蝴蝶瓦瓦片细节图

1.画出屋顶大体的透视外轮廓。

2.根据外轮廓从右至左画出上面的瓦片。

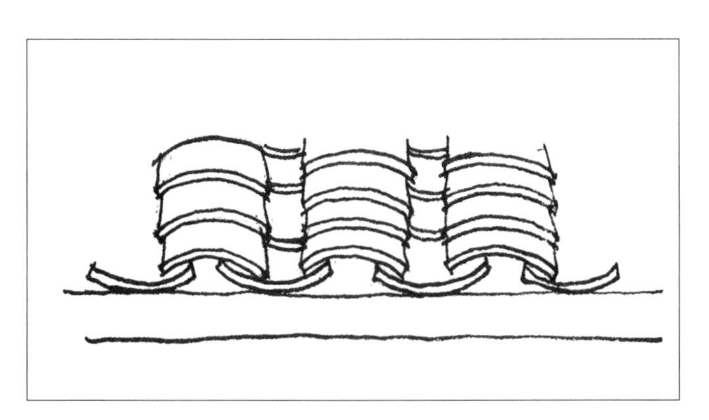

●屋顶瓦片细节图

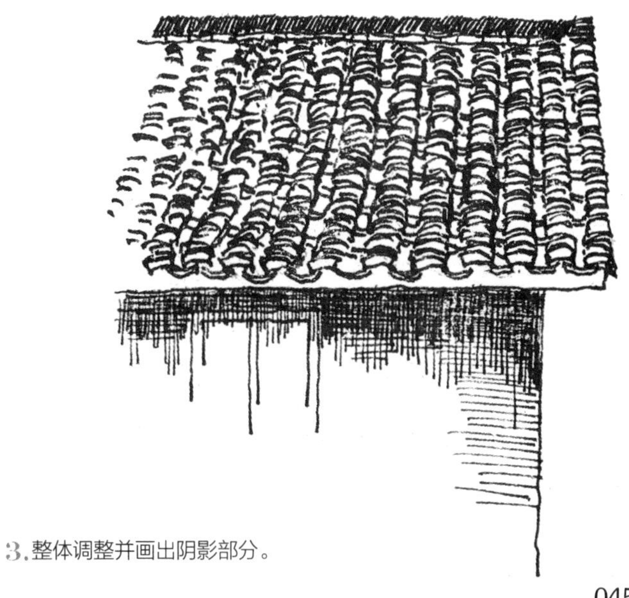

3.整体调整并画出阴影部分。

平行透视运用于屋顶透视的画法

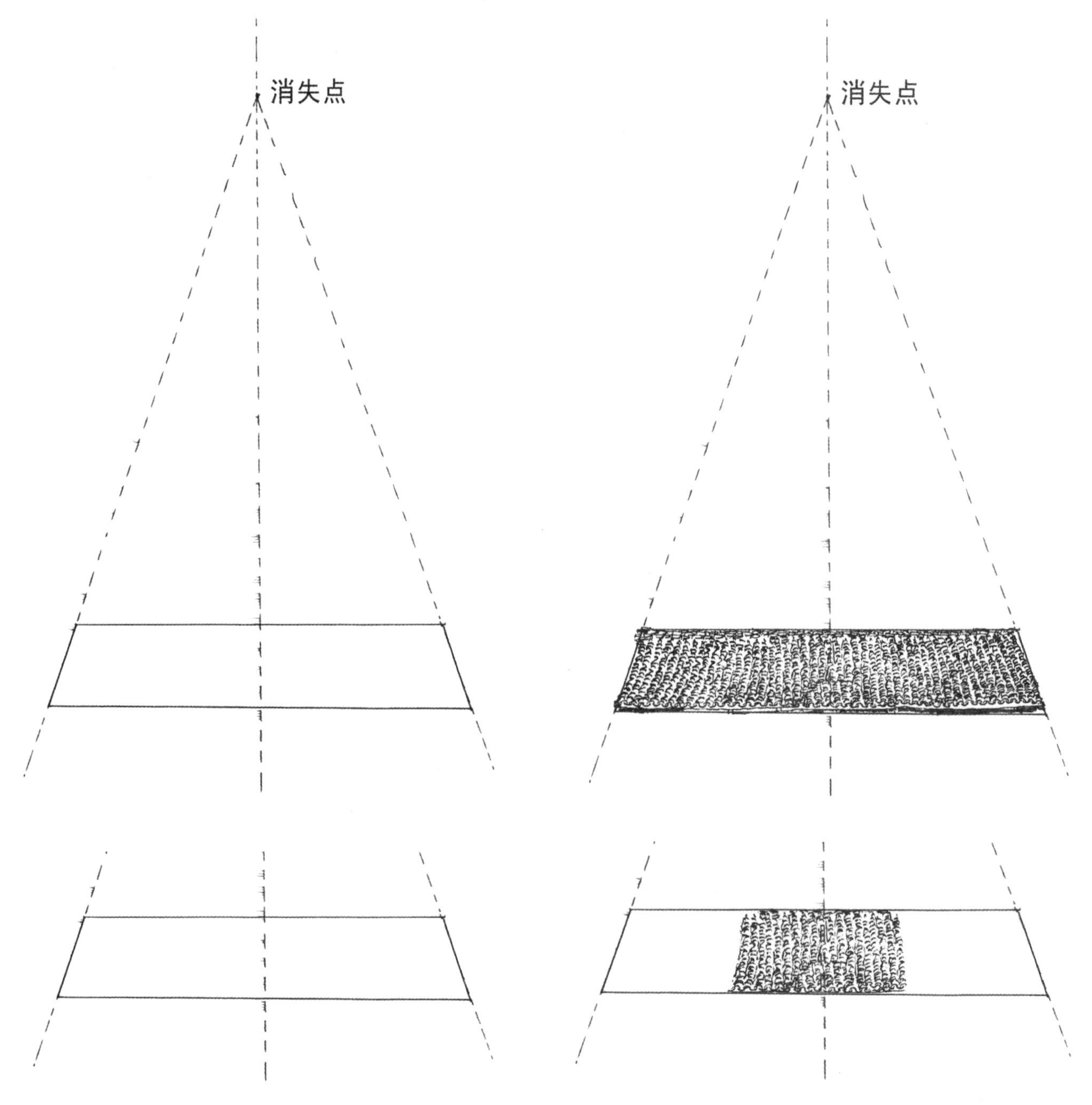

1. 在蝴蝶瓦整体屋顶的写生中，根据平行透视原理，先用铅笔画出屋顶大体的透视外轮廓辅助线。

2. 根据屋顶外轮廓辅助线，采用先中间后两边的顺序，将瓦片一一画出。

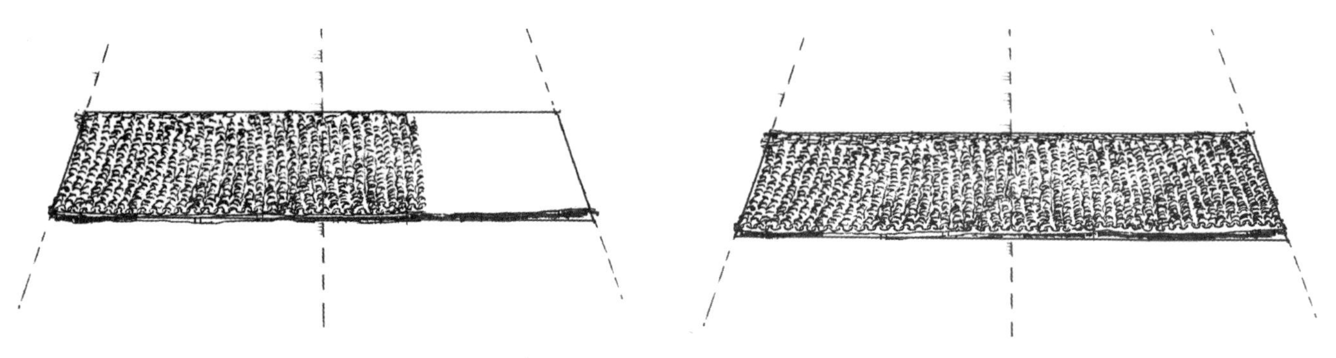

3. 在画时要注意观察透视线的走向，所有竖向瓦线都只有一个消失点，这样才能让瓦片有盖在屋顶上的感觉。

4. 参考透视辅助线，将屋顶的瓦面一步步深化，直到完成。最后用橡皮把透视辅助线擦掉。

2. 草顶的画法

草顶，顾名思义是用特制加工的茅草覆盖的房屋屋顶。画草顶的线条基本上要符合屋顶盖草的长度，要注意屋顶边缘的刻画以及草顶厚度的处理。

茅草顶的画法的步骤

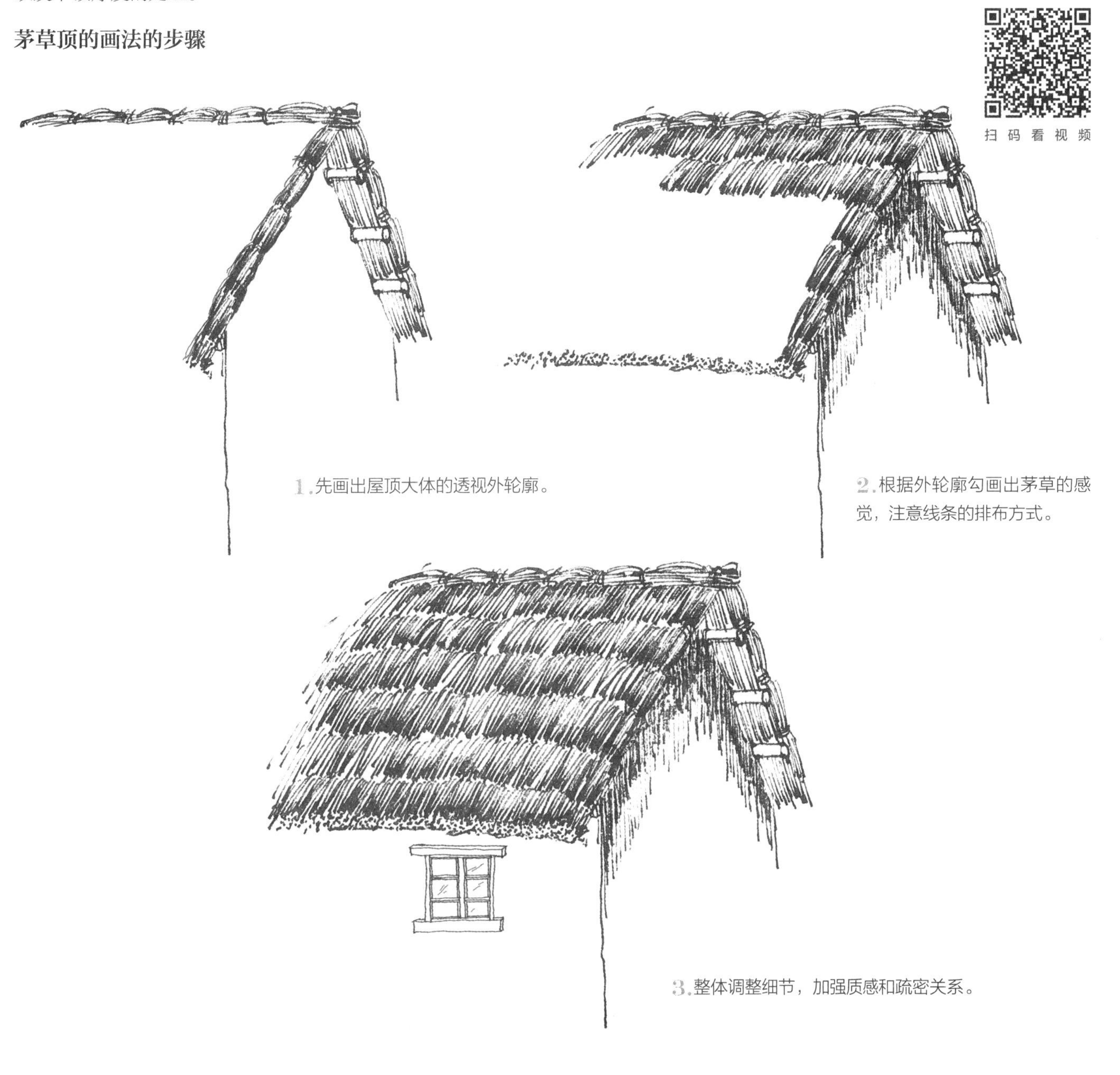

1.先画出屋顶大体的透视外轮廓。

2.根据外轮廓勾画出茅草的感觉，注意线条的排布方式。

3.整体调整细节，加强质感和疏密关系。

●茅草屋速写示例

4.1.3 植物的画法

自然界中的植物种类繁多、千姿百态。植物在画面上主要起着烘托气氛，丰富构图的作用。对于初学者来说，如何用线条去表现结构复杂的植物，是一个不小的难题。植物一般可分为几大类：乔木、灌木、地被、爬藤等。

在画树木时要先主后次，先画树干再画树叶。画好树叶的关键在于概括和取舍，要学会取舍，不能面面俱到地把每一片树叶都画出来。在画的过程中要时刻注意把握好树的整体形态。成组植物的描绘应把握好近、中、远层次的变化，从而确定描绘的详略程度。离作画者越近的就要画得稍微详细些，离作画者越远的就不需要画得太详细，甚至只需画出大概的外形轮廓线。

1. 单棵树的画法

1. 单棵树可以看成是一个球体或者多个小球体与柱体的组合。同时注意把握好球体的受光面和背光面。

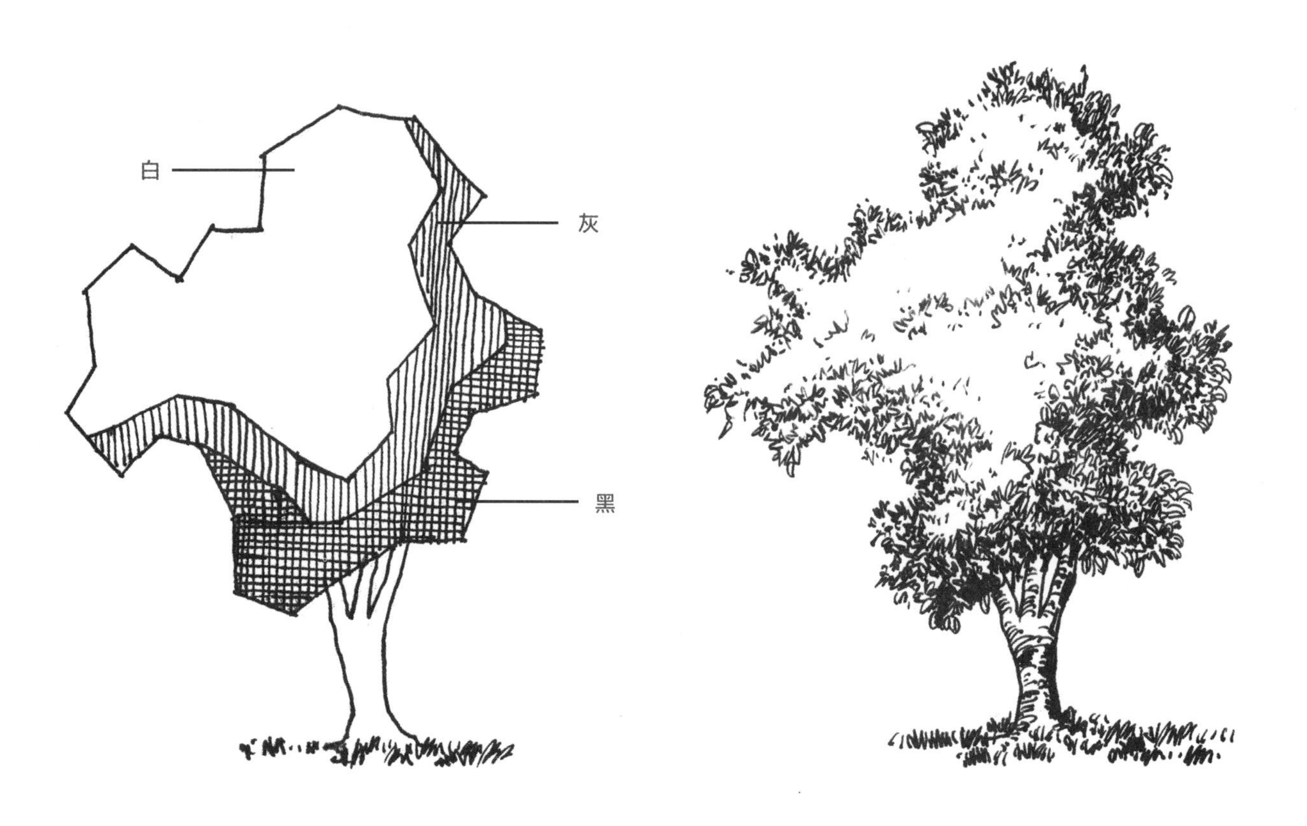

2. 把它们看成是一个具有黑、白、灰关系的整体，并用不规则的线条概括出树的整体造型，根据明暗变化来决定所画树叶的多少。

2. 树枝与树干的画法

树木作为建筑景观速写配景的一部分，在画面中不能遮挡建筑物的主要部分；可以画在建筑物的两侧，起到衬托和丰富画面构图的作用。每棵树都是由一根主干向顶部四面放射，树枝的分叉越分越细，相互穿插。在日常生活中，应注意观察冬天的落叶树木，可以很明显地看出树枝的分枝形态和细节。

树枝的画法与步骤

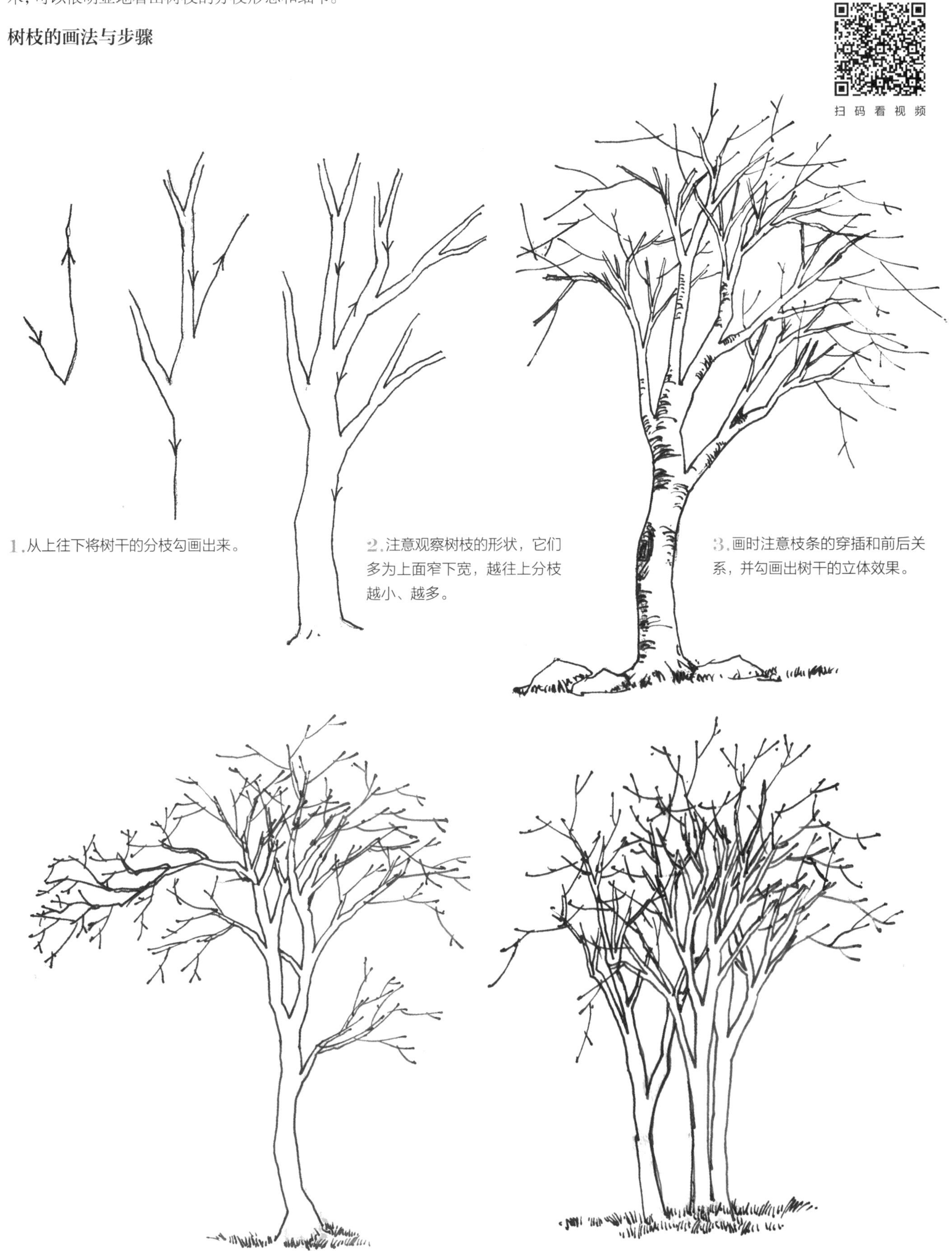

1. 从上往下将树干的分枝勾画出来。

2. 注意观察树枝的形状，它们多为上面窄下宽，越往上分枝越小、越多。

3. 画时注意枝条的穿插和前后关系，并勾画出树干的立体效果。

3. 树干纹理的表现方法

不同的植物天生就具有不同的纹理，有的光滑，有的粗糙，各有各的特点，所以要通过观察抓住特点来着手表现。

树干纹理的画法与步骤

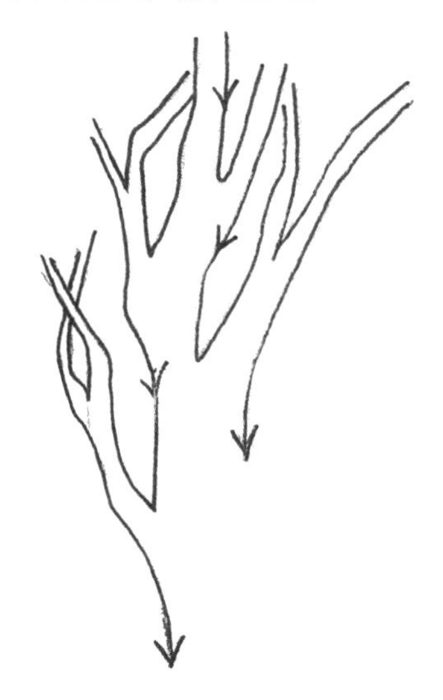

1. 先观察树干的穿插关系。

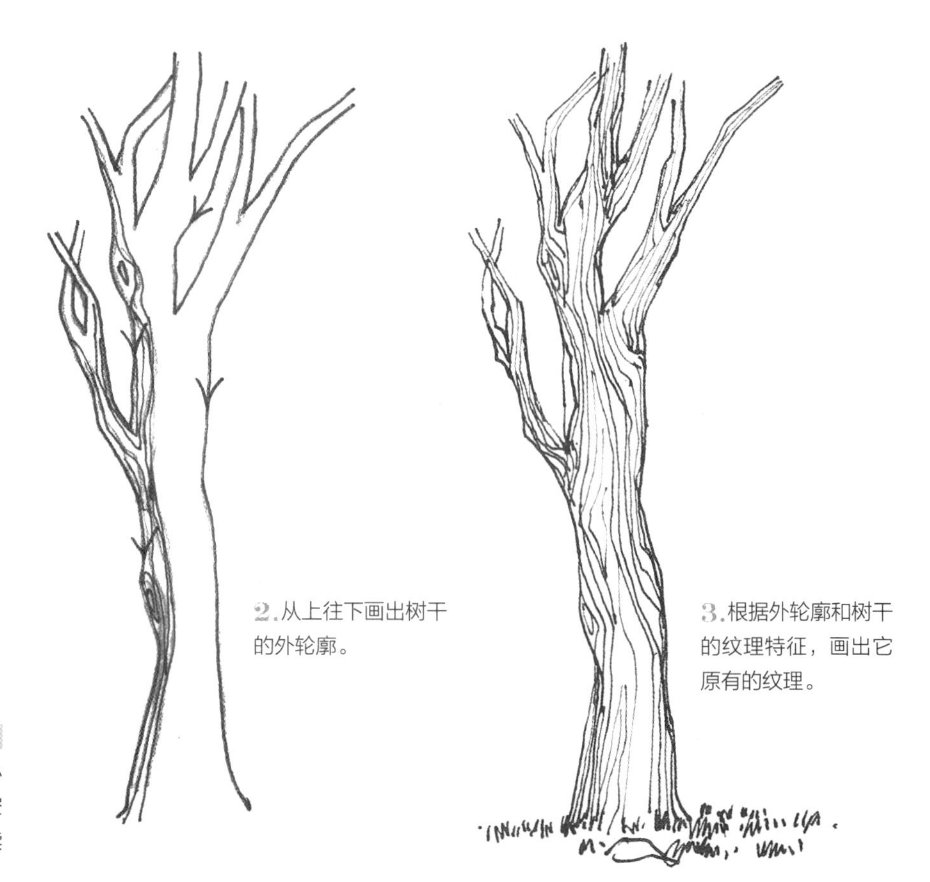

2. 从上往下画出树干的外轮廓。

3. 根据外轮廓和树干的纹理特征，画出它原有的纹理。

提示：

树干的表现方法有很多，一般采用小短线和小曲线，按近大远小的透视原理、近实远虚的空间变化和疏密的线条进行排列。画时可断断续续地重叠，也可留白和渐变。

4. 松树的画法

松树的画法与步骤

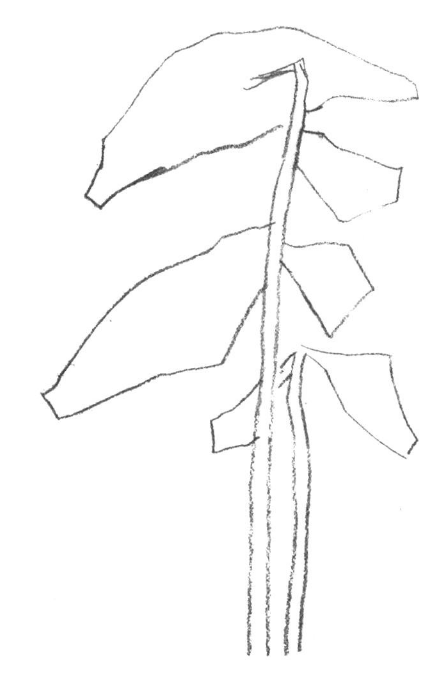

1. 先观察松树的整体结构特征，用2B铅笔大致画出主体树干和树枝树叶的基本轮廓。画松树最好从中间的主要树干开始，从上往下画。画时要注意观察树干的走向以及其前后穿插关系和大小变化。

扫码看视频

2. 用铅笔继续画出松树树干和树枝的细节，完善主要枝干。注意树干枝条的转折和笔锋的顿挫感。

3. 松树树叶为绣花针的形状，成组的松叶组合从侧面看像无数的小扇子。用长短不同的成组的短线条画出树干和树叶的质感。

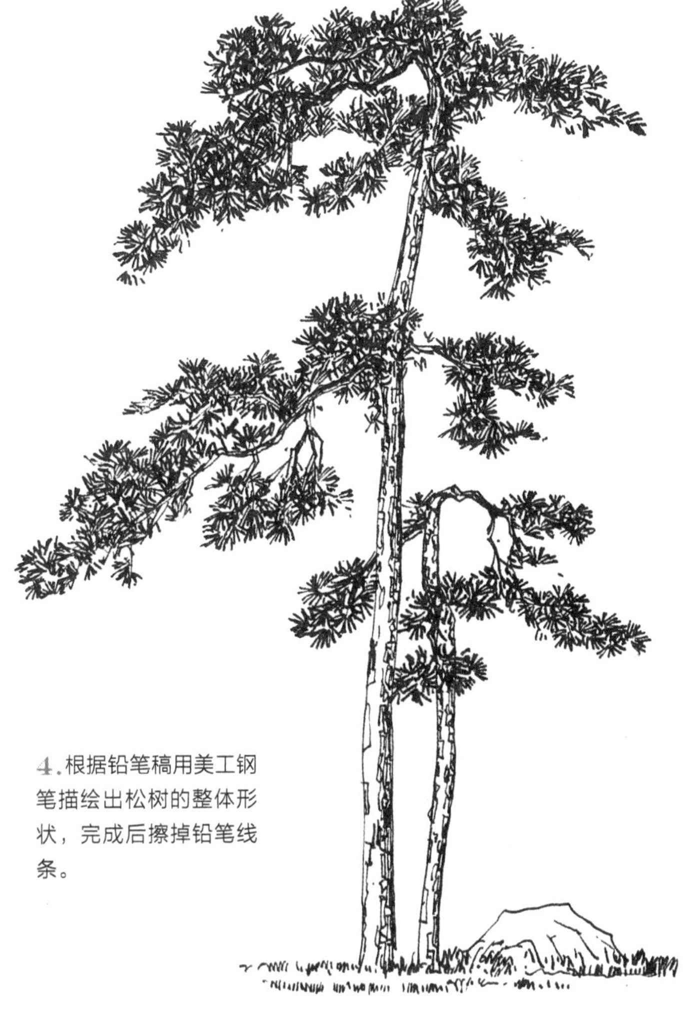

4. 根据铅笔稿用美工钢笔描绘出松树的整体形状，完成后擦掉铅笔线条。

5. 阔叶植物的画法

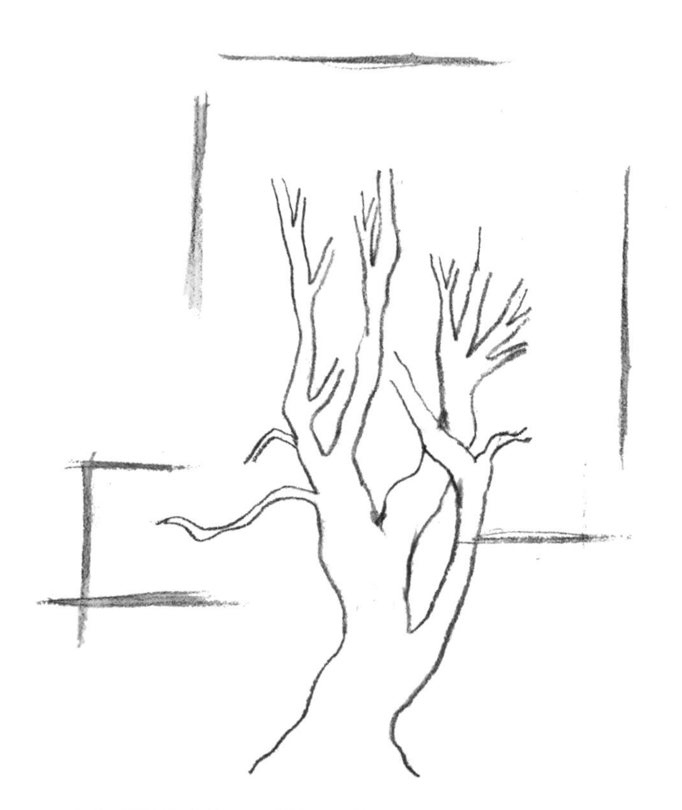

1. 用2B铅笔从上往下画出树干，并大致画出整体树叶的外轮廓位置。

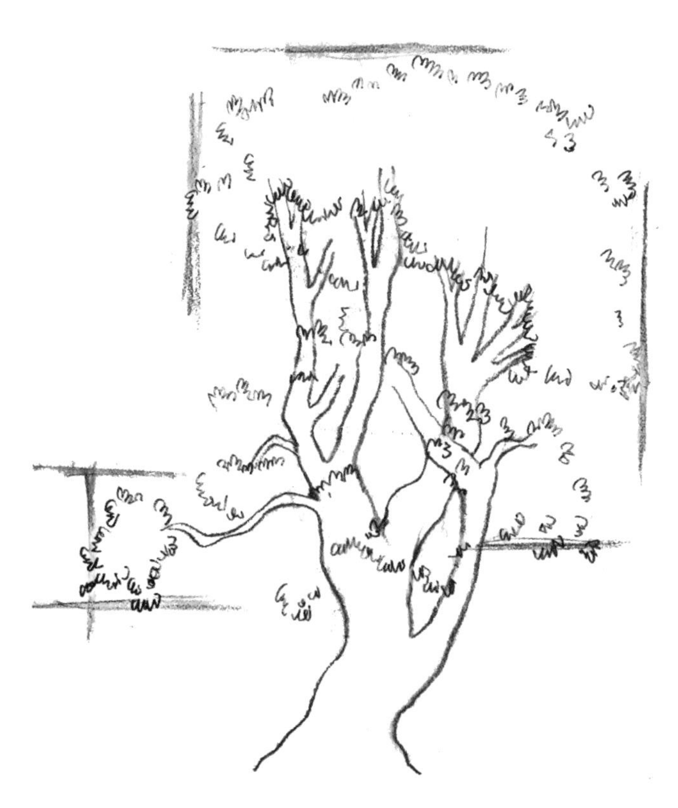

2. 根据整体树形的轮廓边线勾画出树的大致林冠线。

3. 用美工钢笔根据树形轮廓,把握好受光面和背光面，从暗面开始往亮面不断完善。阔叶植物的树叶比较多，要注意取舍和疏密关系。

4. 不断调整和完善树叶树形，并画出主要树干的立体效果。

6. 阔叶植物的国画风格

阔叶植物的画法很多，可以根据中国山水画的植物写意手法，将树干树枝的形态画出，然后用一片树叶或一个图案去营造出一棵树。这也是画阔叶植物的一种简洁快速的方法。

7. 竹子的画法

扫 码 看 视 频

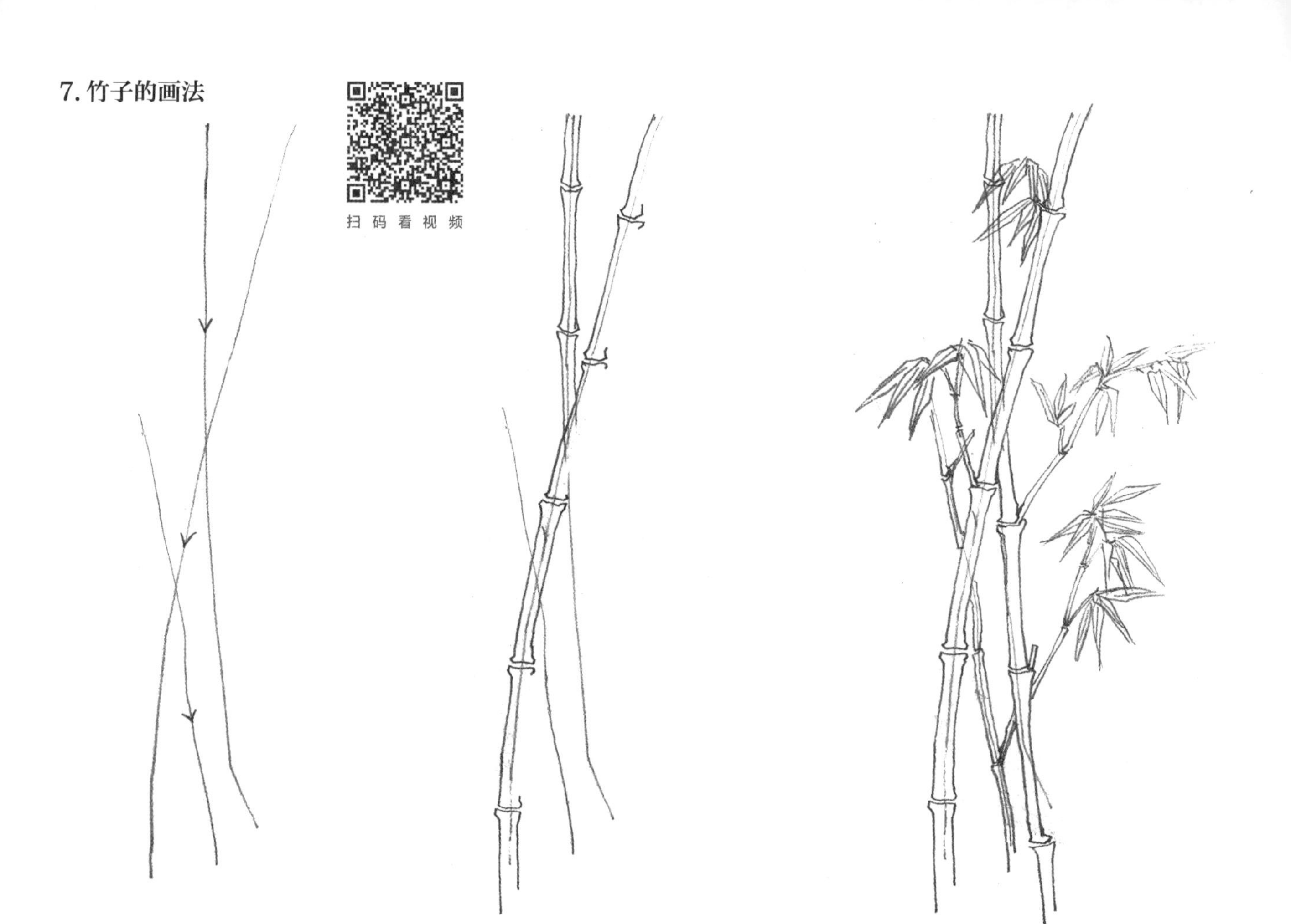

1. 用2B铅笔从上往下勾画出竹干的中心线，并迅速画出竹子的组合形式。

2. 根据主干的中心线，从上到下依次画出竹竿的竹节，注意竹节之间凹凸的对接关系。

3. 画出竹子的枝干和竹叶的穿插关系，以及竹叶的疏密关系。

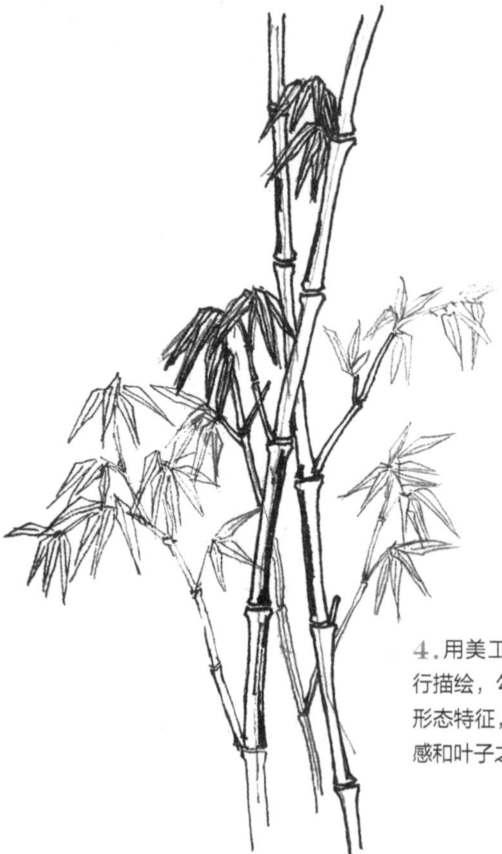

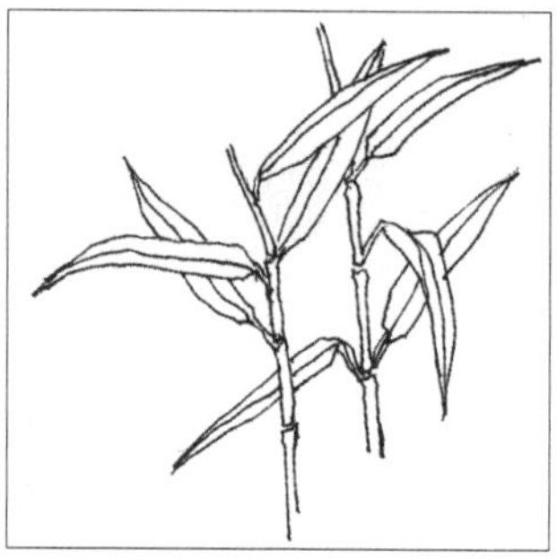

4. 用美工钢笔对铅笔稿进行描绘，勾画出竹子的具体形态特征，注意竹叶的尖锐感和叶子之间的前后关系。

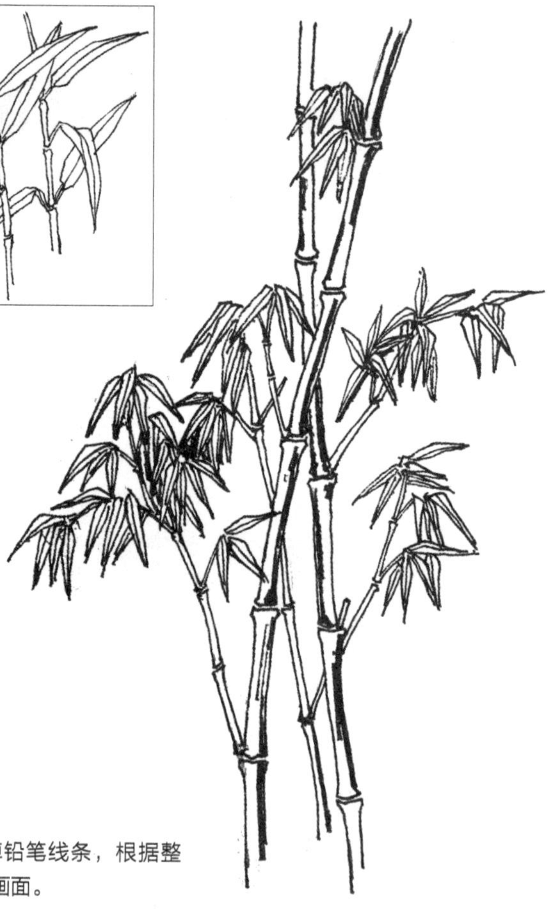

5. 擦掉铅笔线条，根据整体完善画面。

8. 椰树的画法

1. 先观察椰树的整体结构特征。椰树是由一根树干和大型树叶组成的，用铅笔从上往下画出树叶的轮廓线和树干的一条外轮廓线。

2. 用美工钢笔画出成组的短线条来表现椰树的树叶，并根据树叶的走向画出排线，注意把握树叶之间的前后关系。

3. 依次完善树叶的形状，并依照最初画的树干轮廓线画出主树干的立体效果，注意虚实相间、局部断开、有疏有密。

4. 根据整体调整椰树的细节，并逐渐丰富画面的整体关系，使其形神兼备。

9. 棕榈植物的画法

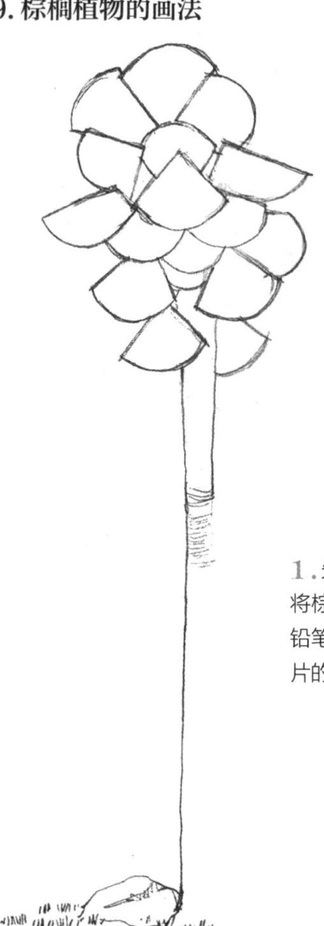

1. 先观察棕榈树的结构特征，可以将棕榈树的树叶概括成许多扇形，用铅笔起稿，用扇形几何图形勾画出叶片的外轮廓。

2. 在扇形的基础上根据棕榈植物的特征画出叶子，注意时刻把握叶子的方向。

3. 根据铅笔线稿用美工钢笔描绘具体的树叶造型，线条要果断，并将树干的纹理和立体感画出来。

4. 对整体质感进行调整，丰富细节，擦掉铅笔线条，完成最终效果。

10. 芭蕉类植物的画法

1. 先观察芭蕉树的结构特征。芭蕉树是由树干和树叶两大部分组成的，用铅笔起稿，将芭蕉树的叶片外轮廓勾画出来。

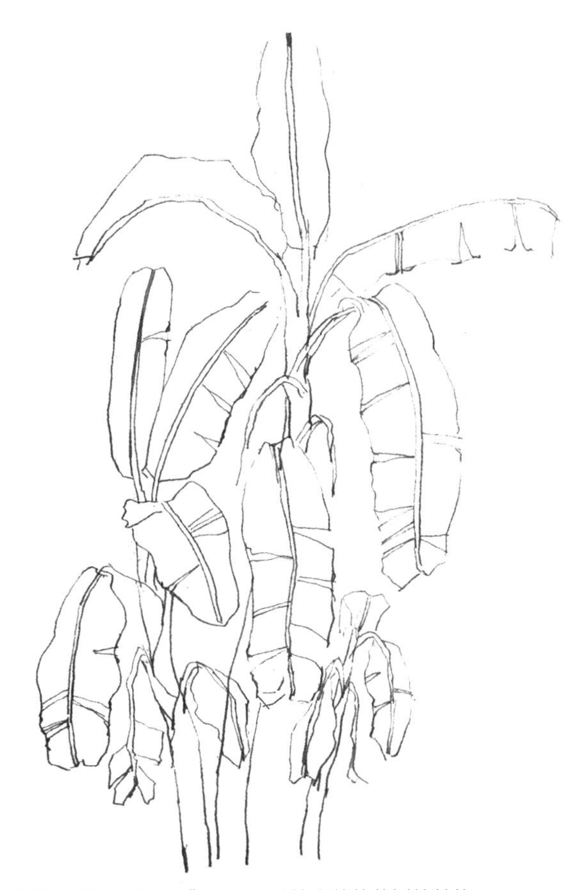

2. 对芭蕉叶进行“破叶”处理，继续完善芭蕉树的结构。

3. 用美工钢笔根据铅笔稿勾画出芭蕉树的具体形态，同时注意对芭蕉叶片线条密度的把握，叶片由曲线和排比直线组成。

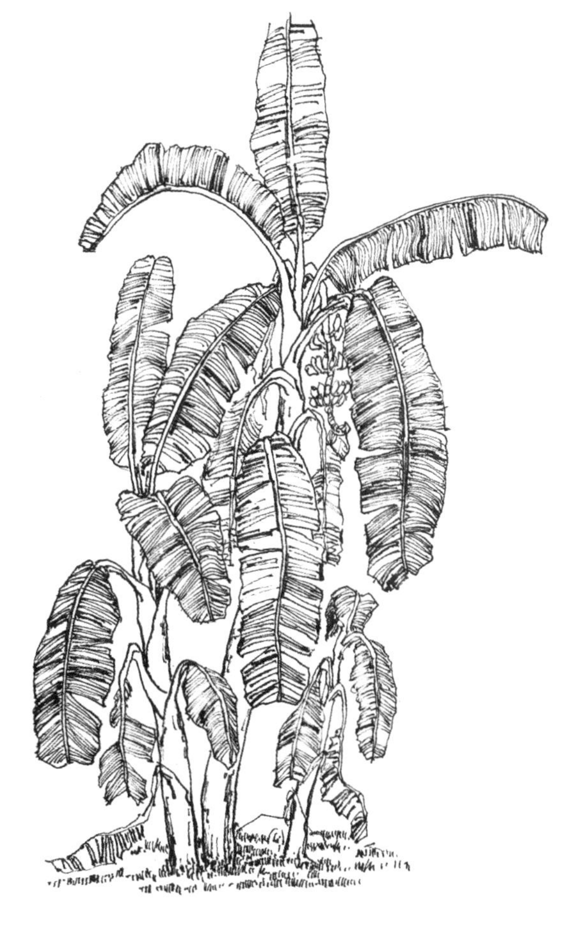

4. 待钢笔墨线勾画完成后，根据整体造型完善细节，芭蕉树的最终效果就完成了。

11. 爬藤植物的画法

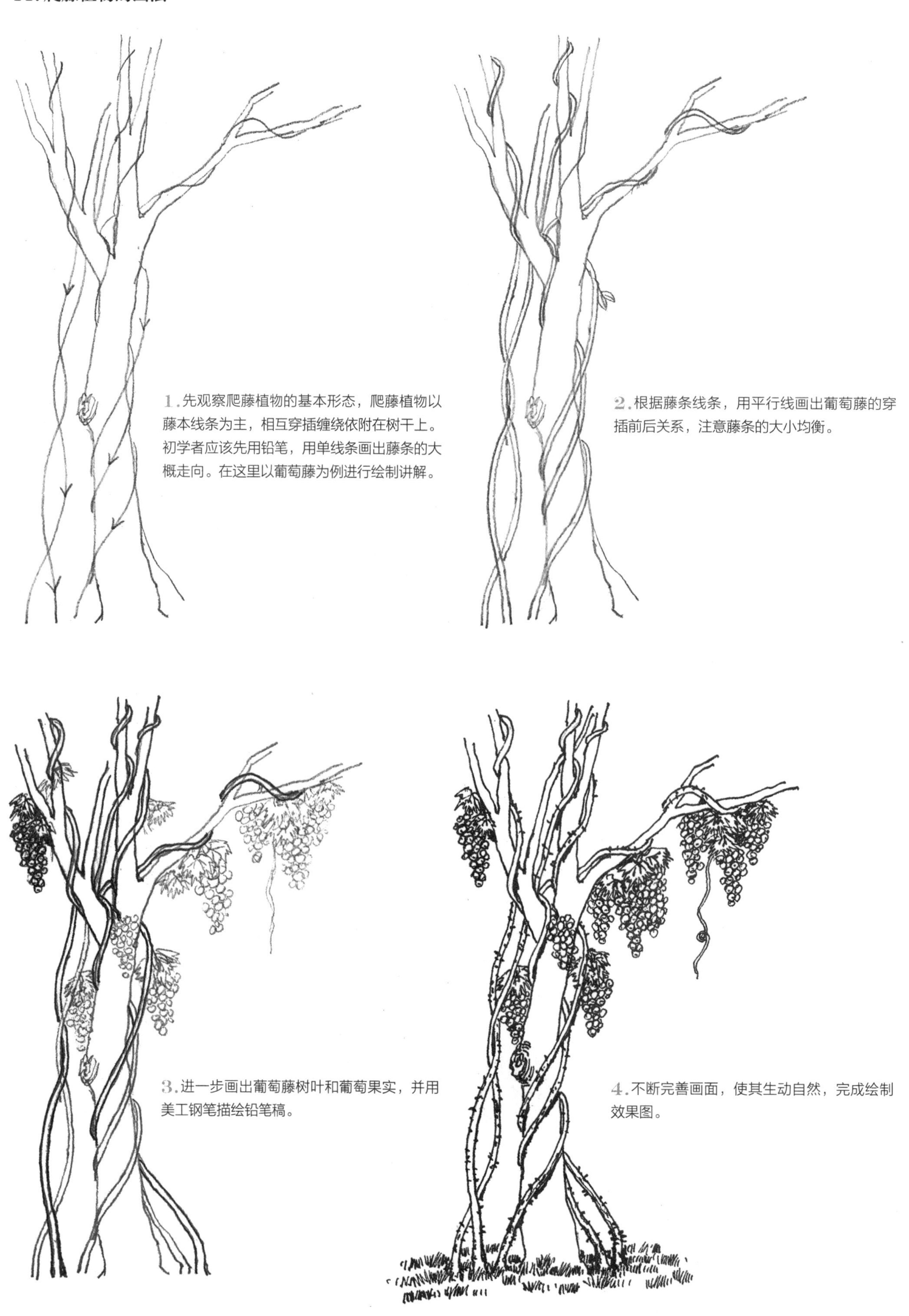

1. 先观察爬藤植物的基本形态，爬藤植物以藤本线条为主，相互穿插缠绕依附在树干上。初学者应该先用铅笔，用单线条画出藤条的大概走向。在这里以葡萄藤为例进行绘制讲解。

2. 根据藤条线条，用平行线画出葡萄藤的穿插前后关系，注意藤条的大小均衡。

3. 进一步画出葡萄藤树叶和葡萄果实，并用美工钢笔描绘铅笔稿。

4. 不断完善画面，使其生动自然，完成绘制效果图。

12. 灌木植物的画法

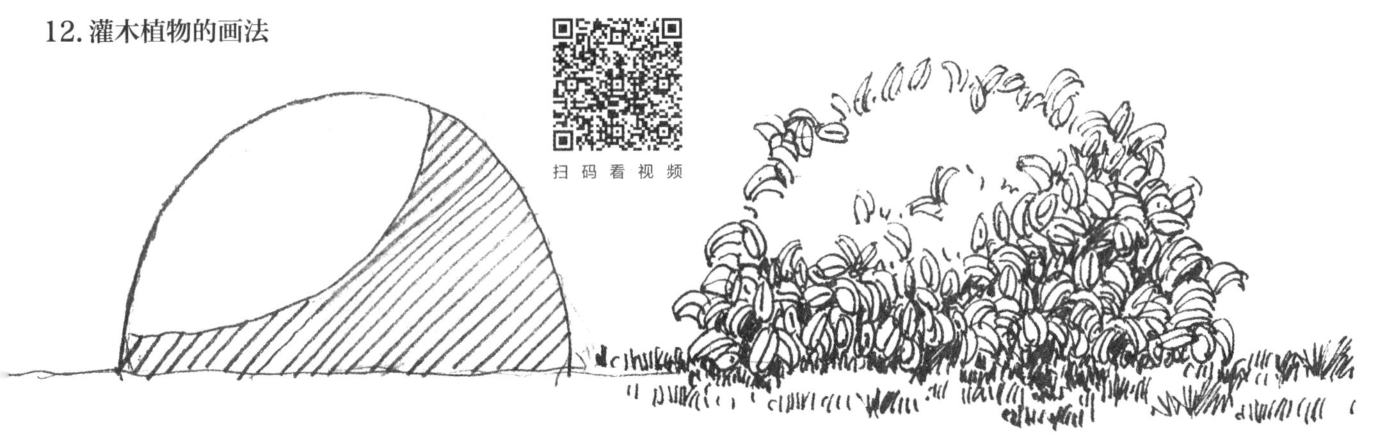

1. 在画灌木球时，应该把灌木球的受光面和背光面画出来。

2. 将灌木球具体形态逐步画出，画的同时注意疏密关系的把控。

13. 盆景植物的画法

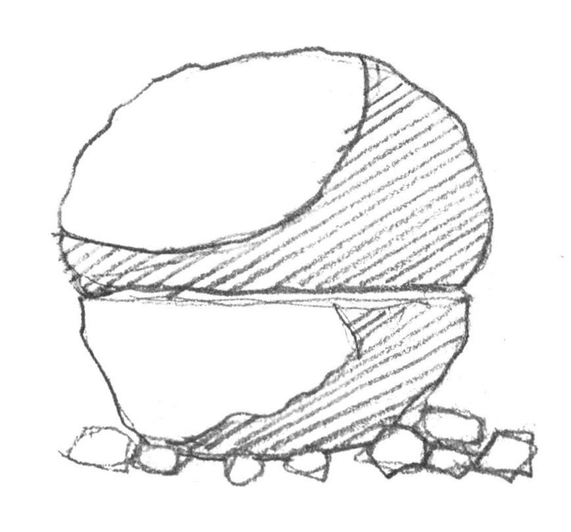

1. 在画盆景植物时，同样应该将受光面和背光面画出来。

2. 根据盆景的具体形态将细节刻画出来，并注意把握好疏密关系，以及受光面与背光面的表现。

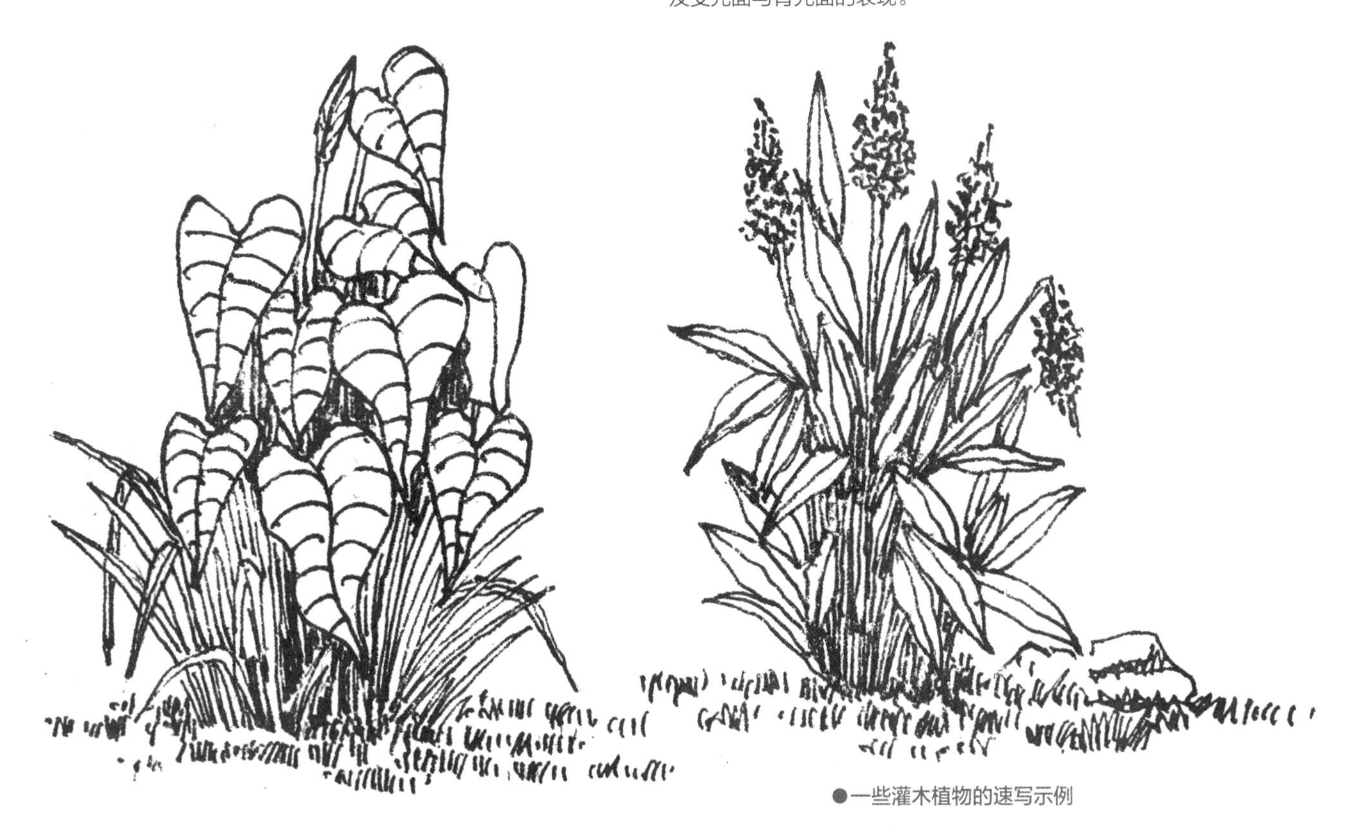

●一些灌木植物的速写示例

4.1.4 山石、水体的画法

1. 山石的画法

山石结构、造型、质感表现较为复杂，既有整体的大块面，又有微小的小块面和裂缝纹理，而且不同山石的特征又不相同。山石和水体可通过白描的形式来表现，初学者在绘制山石时，要注意线条的排列方式应与山石的纹理、明暗关系一致。线条不能太拘谨和琐碎，应自由、流畅。先用较流畅的线条画出山石的外形轮廓，将石头的左、右、上三个部分表现出来，这样就有体感了，另外将三个面区分明确，然后再考虑石头的转折、凹凸、厚薄、高矮、虚实等，下笔时要适当的顿挫曲折。多收集相关的参考资料，练习用不同的笔触表现质感。

提示：

在平时的练习中，可以参考中国画中画山石的方法，简洁、概括又有神韵。

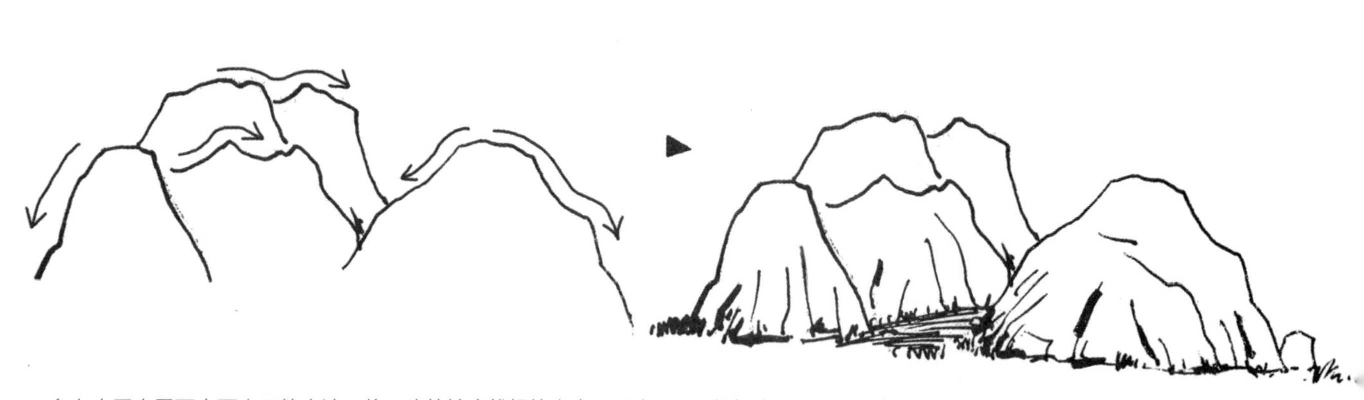

1. 参考中国水墨画中画山石的方法，将石头外轮廓线提炼出来，画出基本的形状。

2. 根据水墨画重墨区域归纳概括成线条，塑造石头的基本结构，画的同时要注意石头线条的转折。

图为石头表面圆滑的处理方法，此类手法表现的石头多为喀斯特地貌的石灰岩。

石头的形态表现要圆中透硬，在石头下面加少量草地，以衬托着地效果。石头不适合单独表现，通常是成组绘制，要注意石头的大小搭配和群组关系。

单个石头的画法步骤

对于单个石头，应该将石头看成是一个方盒子矩形，再对石头进行外轮廓线的描绘，直到画出石头的形态。

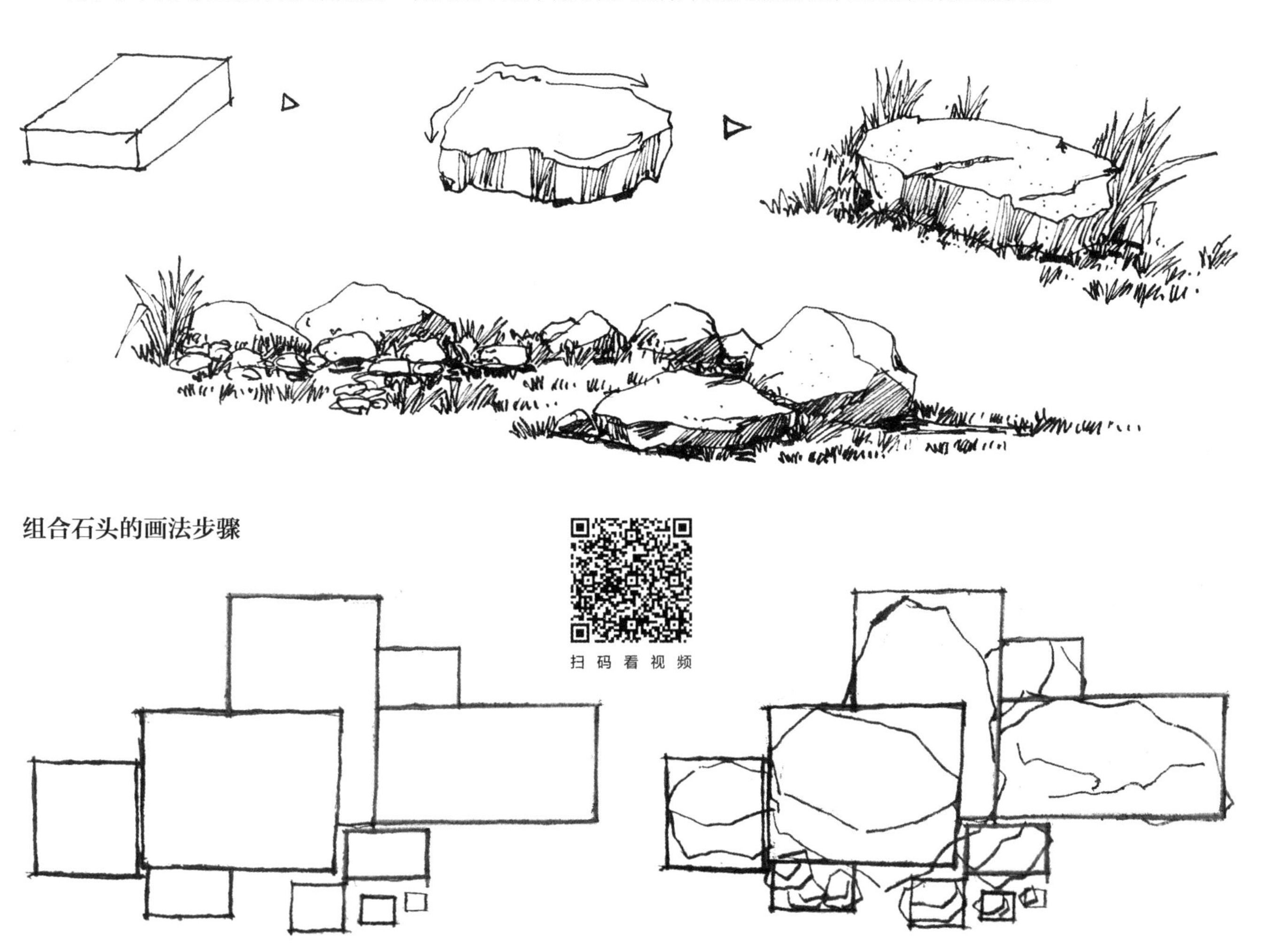

组合石头的画法步骤

1.用2B铅笔将组合石头根据高矮、宽窄归纳成不同的矩形方框。

2.在矩形方框内描绘石头的外轮廓线，注意笔锋顿挫转折以及线条的流畅。

3.画好石头的外轮廓线之后，用美工钢笔对石头进行细致刻画，抓住石头的转折点，画出石头的破裂感和质感，同时，注意石头的亮面和暗面的明暗变化。

4.整体调整，加上草地增加石头的落地感，还可以画些组合花草植物来丰富画面。

2. 水体的画法

水体的主要特征主要是柔、薄、动、透。在空间中的处理一般以留白为主，初学者在画水体时，应抓住水体的特征，以流畅自由的曲线条为主，根据水岸或水中物体的体积走向画出长短不等的平行曲线条。并结合景物的阴影虚实，疏密有致去描绘。

1. 当水面保持静止时，物体呈现完整的倒影。

2. 当水面波浪比较大时，物体基本无倒影。

3. 当物体在水里摆动时，物体倒影会断断续续，并且水波会围绕物体发出无限波纹。

4. 当水面波动较小时，物体倒影会断断续续地拉长。

4.2 建筑风景的基本画法

作画者画得累，欣赏画的人就看着舒服，相反如是，画得轻松，欣赏者必然看着困难。你不能作我的诗，我不能做你的梦，绘画也是这样，各人有各人的风格，各人有各人的品味。列宾说过："灵感不过是顽强的劳动而获得的奖赏。"对于初学者先要下笨工夫，有灵气不下笨工夫则飘，只知道下笨工夫不琢磨没有感悟则滞。 "应知天道酬勤，不叫一日闲过 。 ——齐白石"。

建筑风景钢笔画要求果断，要心中有底，它的可修改性不大，每一笔下去，就像板上钉钉，不能含糊。画画如绣花，讲究的是心细，是耐心，要心平气和地对待，但内心要有火一样的热情，只有内心的篝火不熄，艺术的劲头才能长在。要知道，兴趣爱好往往伴随你的一生，寥寥几笔，他的背后是观察、比例、理解与素养，有时候工夫在画外。画建筑、画风景、画人物、画世间一切，日间挥写夜间思，画到生时是熟时。所以总结建筑风景画的特点，对于初学者我们可以用5种画法来描绘建筑景观速写。

4.2.1 画法1:墨线法

1.徒手表现建筑景观的整体空间时不要急于下笔。对于所要表现的场景，要认真考虑取景、构图、布局和主要物体的造型特征及光影变化。先用铅笔相对清晰地画出景物的大体轮廓和结构关系，并时刻留意景物的透视、比例、前后位置等问题。

2.再把画好的铅笔稿摆放在可以直观观察的位置，然后退远处几步观察线条是否有倾斜，构图是否合理，以便及时修正。从整体出发，不能拘泥于局部细节，要时刻注意画面的整体效果。

3.用美工钢笔根据步骤1打好的铅笔稿从上往下、从左到右、从复杂到简单或从简单到复杂的个人习惯顺序去细心刻画。刻画的同时要不断注意画面的虚实关系和透视。还要注意线条的流畅、挺直。把画放在远处，观察画面是否存在错误和不足。

4.根据画面需要用毛笔淡墨加强一下阴影关系和体积感，并根据整体完善和调整画面，如有画错的地方就需要用将错就错法融合进画面中去。见好就收，不能一味地追求画面的完美，处处都追求完美，最后就会变成什么都不美了。

4.2.2 画法2:推移法

1.先观察而不要急于下笔，注意整体的构图。观察好后，用铅笔勾画出景物的大体位置和轮廓，注意比例关系，并时刻注意景物的重心和透视关系是否妥当。

2.寻找场景里的兴趣点，即自己较为喜欢的景物角度，找到兴趣点后用美工钢笔从兴趣点开始着手，向画面四周用推移法逐步刻画，并根据步骤1定好的大体位置，不断用对比的方法去观察景物之间是否存在比例、透视的错误。

3.在这个过程中，要注意线条的流畅、自然、粗细、琐碎、疏密以及前后穿插关系和虚实关系，线条画得重了或者多了就实了，反之则虚，还要时刻注意观察画面的整体效果，注意取舍和概括，绝对不能盲目地照抄照搬原景物，如果全部照搬原景物，会造成画面的生硬和构图的死板，没有活力。

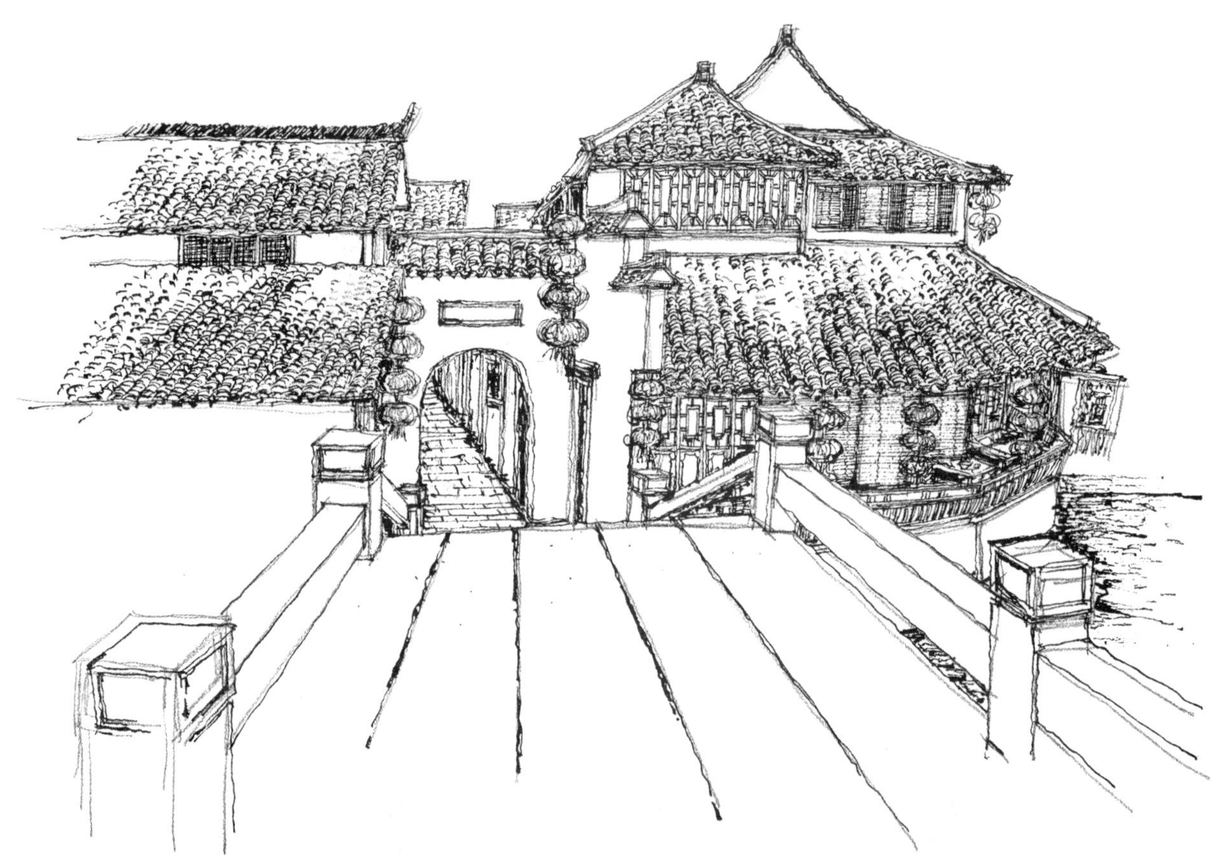

4.注意整体观察，时刻把握从整体出发，应通过眼睛的观察到心脑的思考，再到手的配合去提炼概括。只有这样，画出来的画才有意思，你才能逐渐进步。

5.对画面作整体补充、调整和修改，如层次不够突出、透视不够明显、结构不到位等问题，可以进一步补充调整，直到自己满意为止。有时候不能一味地追求画面的完美无缺，应该见好就收，适可而止。

4.2.3 画法3:对比法

●场景照片　摄影：蒲宏文

1.选择一处感兴趣的景物，观察其基本结构形态及透视关系。

2.通过观察对比用铅笔画出整体所有的横线条，作为基本结构图形。

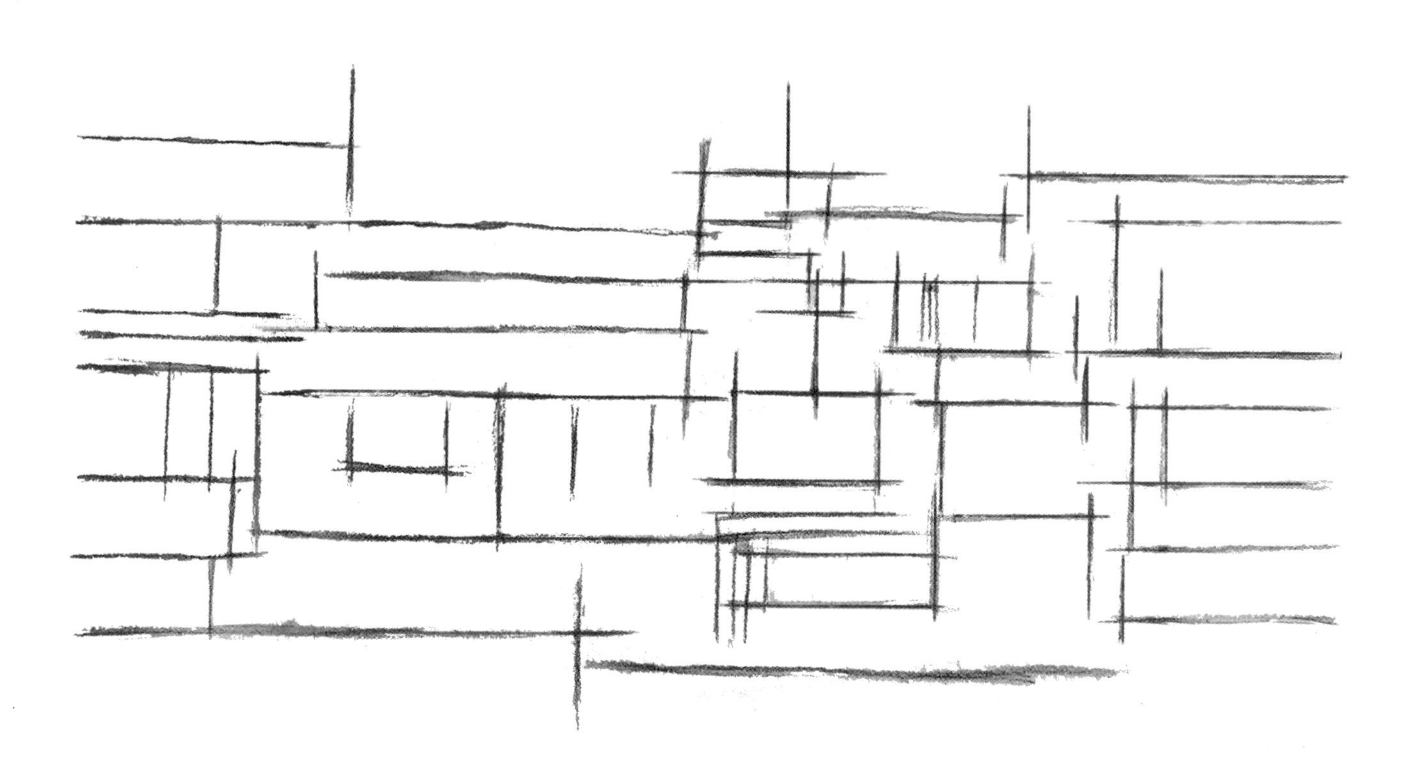

3.用铅笔继续画出所有转折点的竖线条，大概定格出建筑屋顶高低边线的位置，并相互之间不断对比，注意比例关系。

4. 根据直线十字焦点，进一步用铅笔画出屋顶的外轮廓线和建筑房屋立柱线条。

5. 在对比的同时用铅笔不断画出所有屋顶瓦面、房屋立柱及门窗基本的轮廓边线。

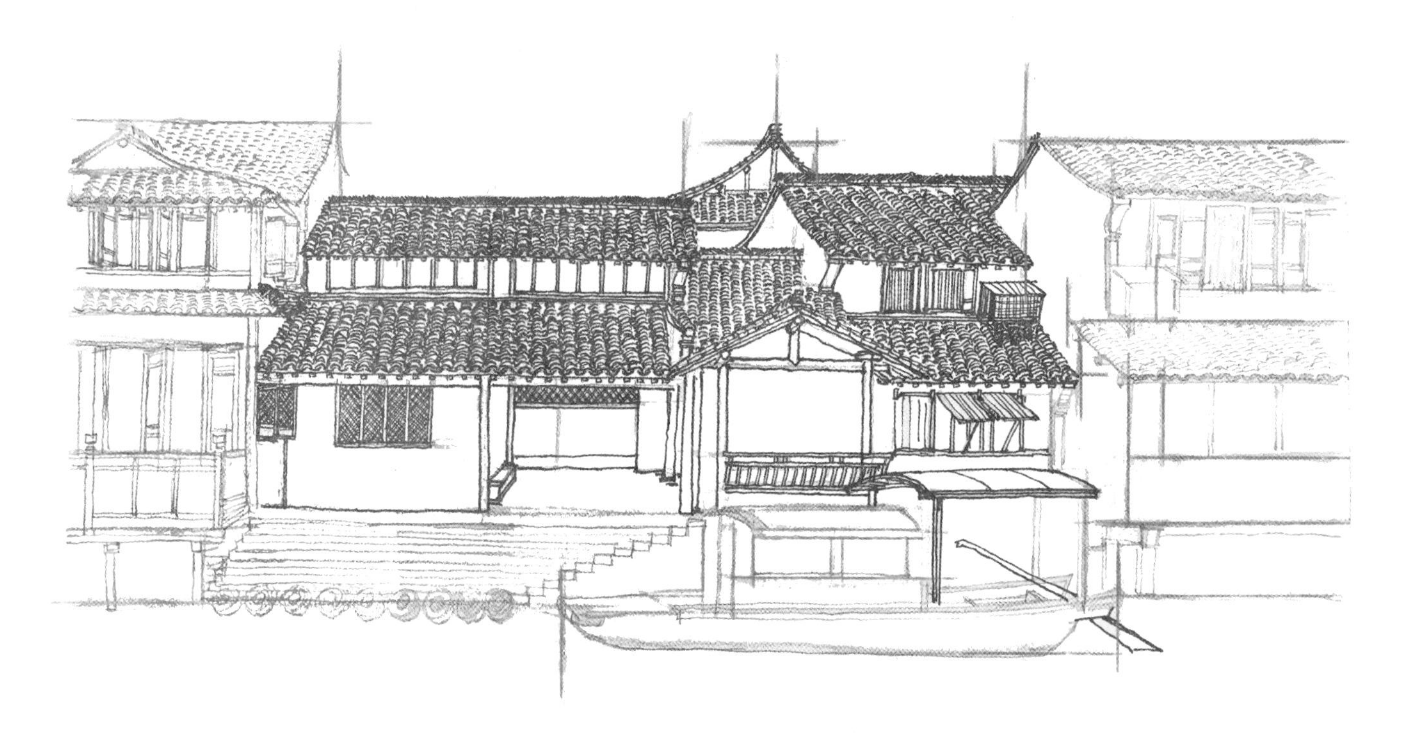

6.用美工钢笔根据铅笔线稿从局部入手，不断推移画出具体建筑的细节形态。

7.画的同时注意把握画面疏密，将建筑基本结构特征描绘即可，不能面面俱到，该留白的地方需要留白。

8.待墨线稿画完之后，用毛笔淡墨画出建筑房屋的阴影部分，加强明暗关系。

4.2.4 画法4:层次法

●场景照片　摄影：蒲宏文

1.选择一处由前景、中景、远景组成的景物角度，将画面在脑海中划分为前景、中景、远景三大部分。

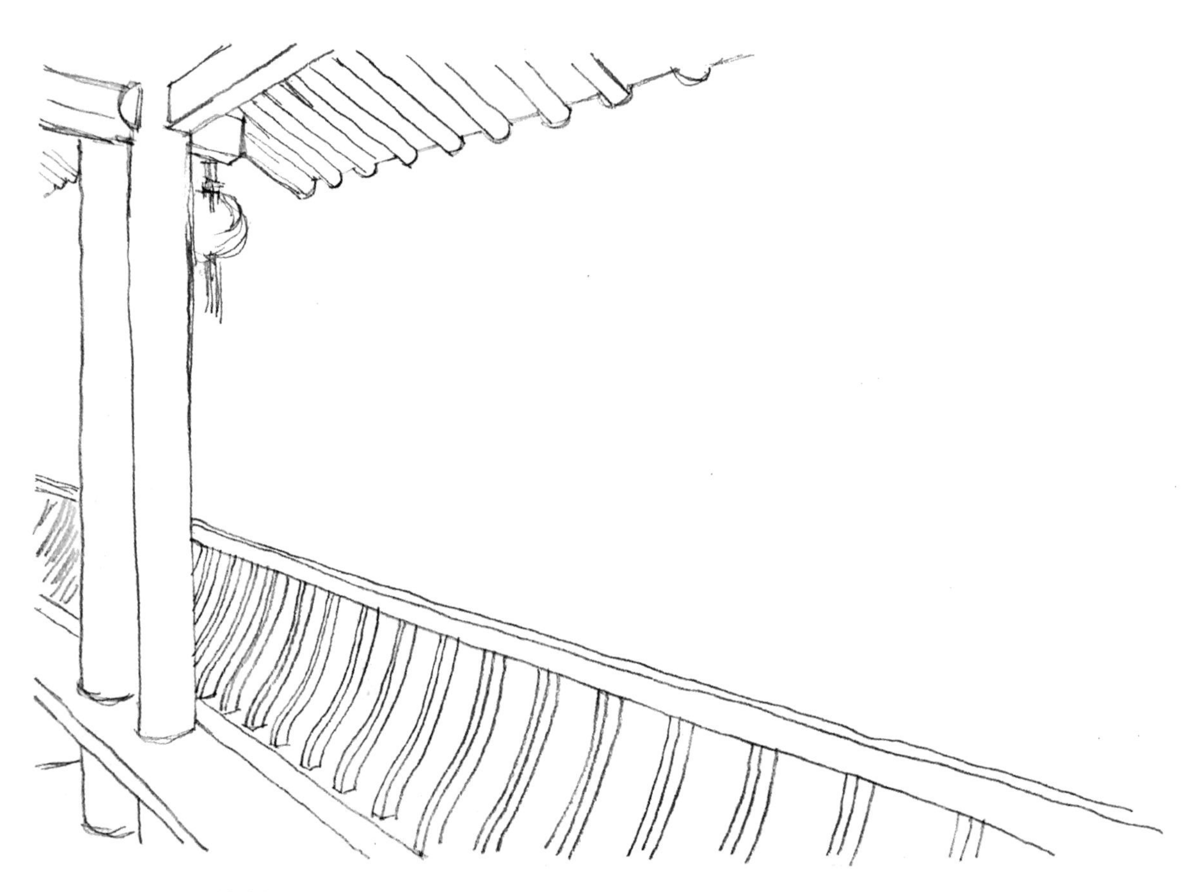

2.用铅笔果断将前景部分的屋檐靠椅画出。

3.继续画出画面中景部分的游船。

4.画出远景部分的民居建筑部分，同时注意透视必须准确。

5.在原有铅笔线稿的基础上用美工钢笔将前景部分果断描画出墨线，画的同时注意线条的力度把握和连贯性。

6.用美工钢笔继续画出画面中景部分的游船，以及部分阴影关系，增强画面的空间感和层次感。

7.进一步画出远景房屋部分，并时刻注意透视走向及虚实、疏密关系，最后根据整体调整画面阴影，完善细节。

4.2.5 画法5：拓印法

1.初学者刚开始学习时，可以找一张自己喜欢的线稿，打印成A3版幅大小，将其平放在画板或者书桌上，作为拓图拷贝底图。初学者在学习速写的过程中，应将临摹与写生结合，才能不断进步。

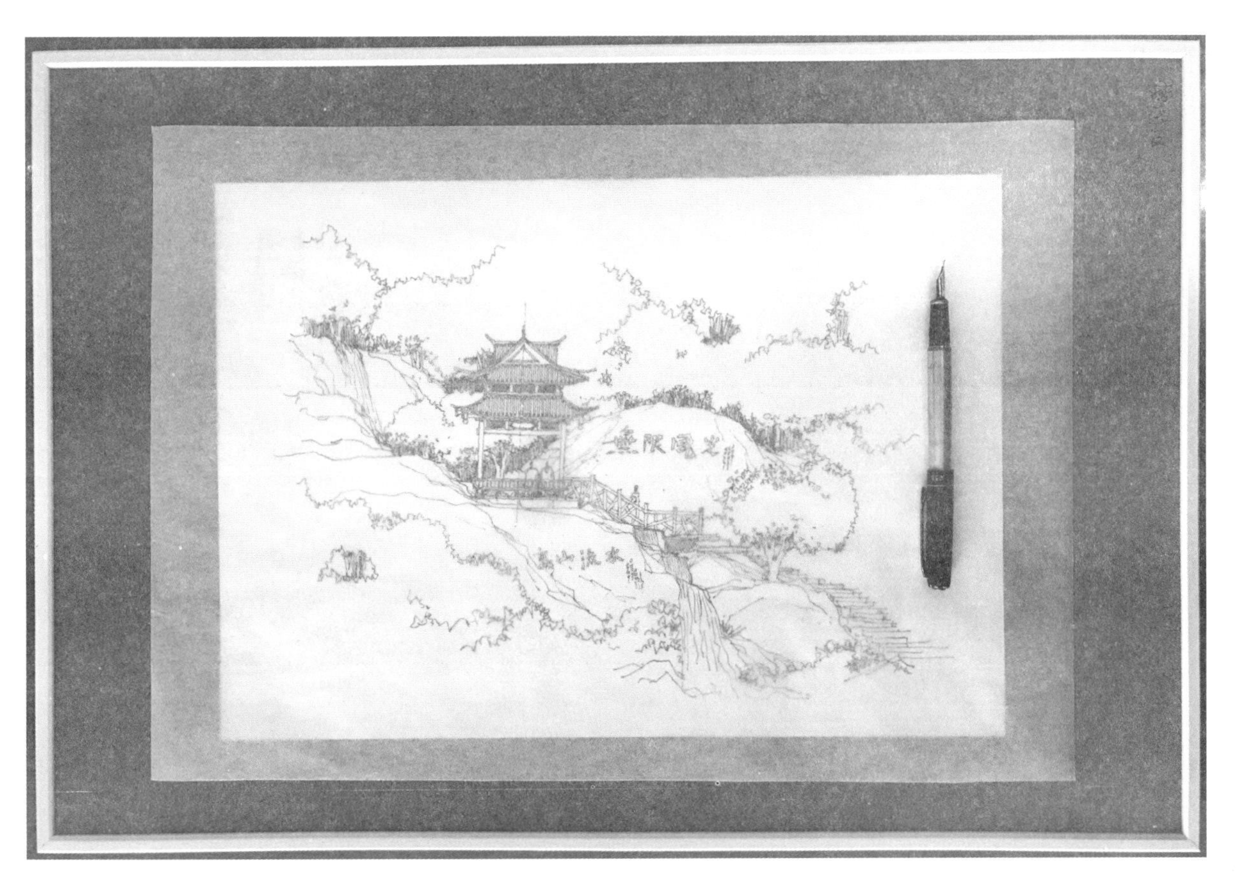

2.将硫酸纸压在A3线稿底图之上，再用美工钢笔在硫酸纸上进行临摹练习。

3.描绘时从画面中的兴趣点入手，并反思平时在写生中不会画的地方，可以通过临摹的方法去学习解决，不会画什么就临摹什么，可以是建筑局部的窗户、大门、雕花、立柱样式等，不一定每次都临摹一整张画，也可以只临摹局部。

4.将建筑主景部分描绘完之后，进一步描绘前景树木。

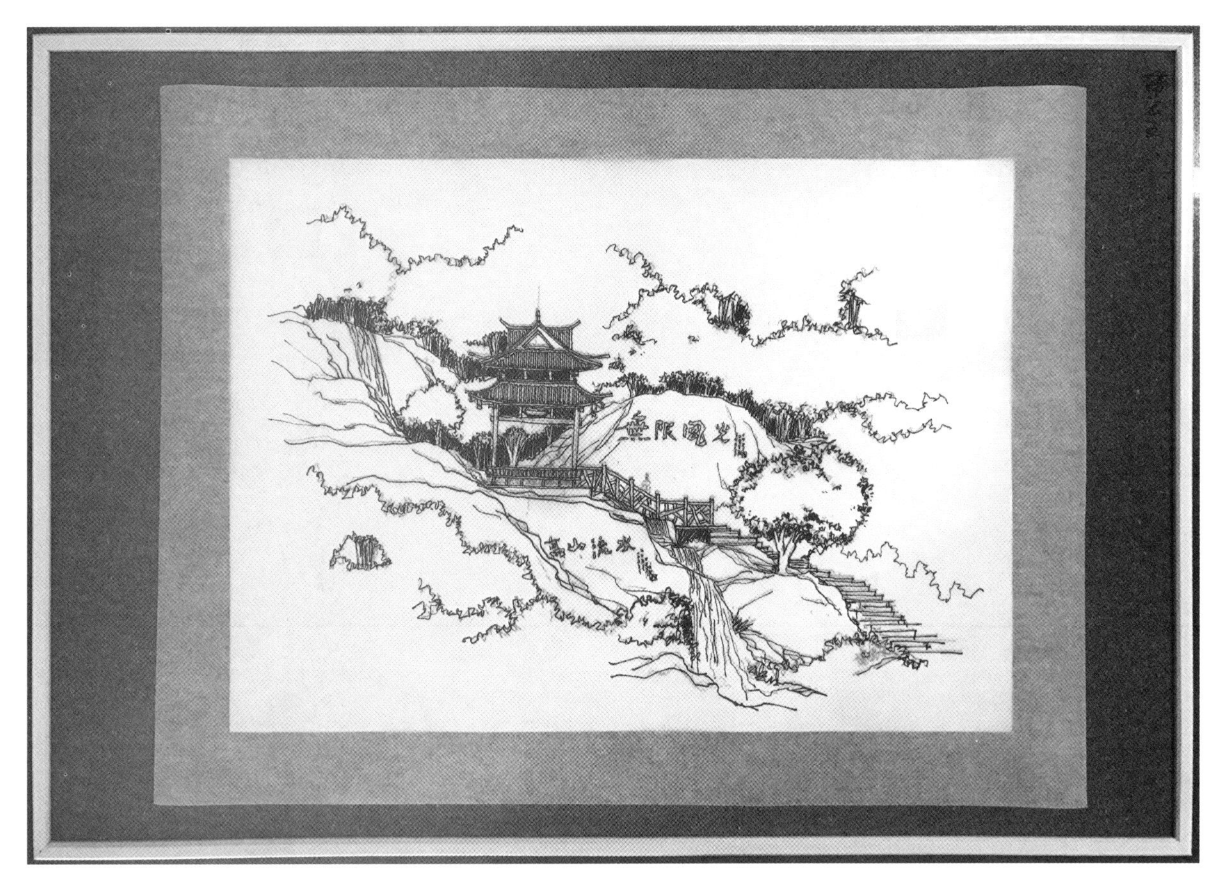

5.根据底图将画面不断完善，注意细节和阴影关系。

6.整体完善，完成拓图。

第5章

建筑景观速写作品欣赏

乌镇酒家门口.
2010.9.21.写.
蒲民文

蒲民文、
2010.9.月.
乌镇酒家

二〇一二年八月

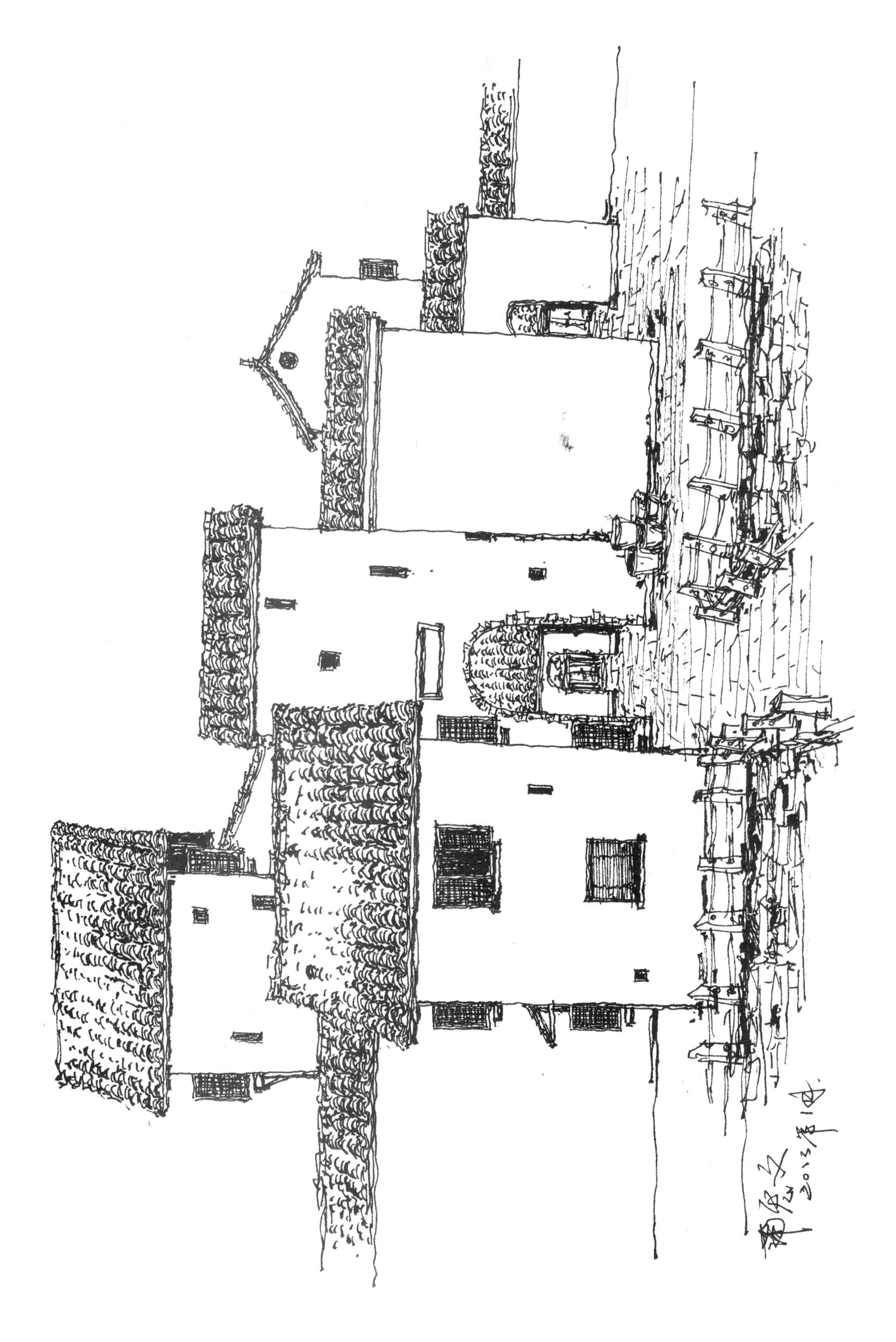

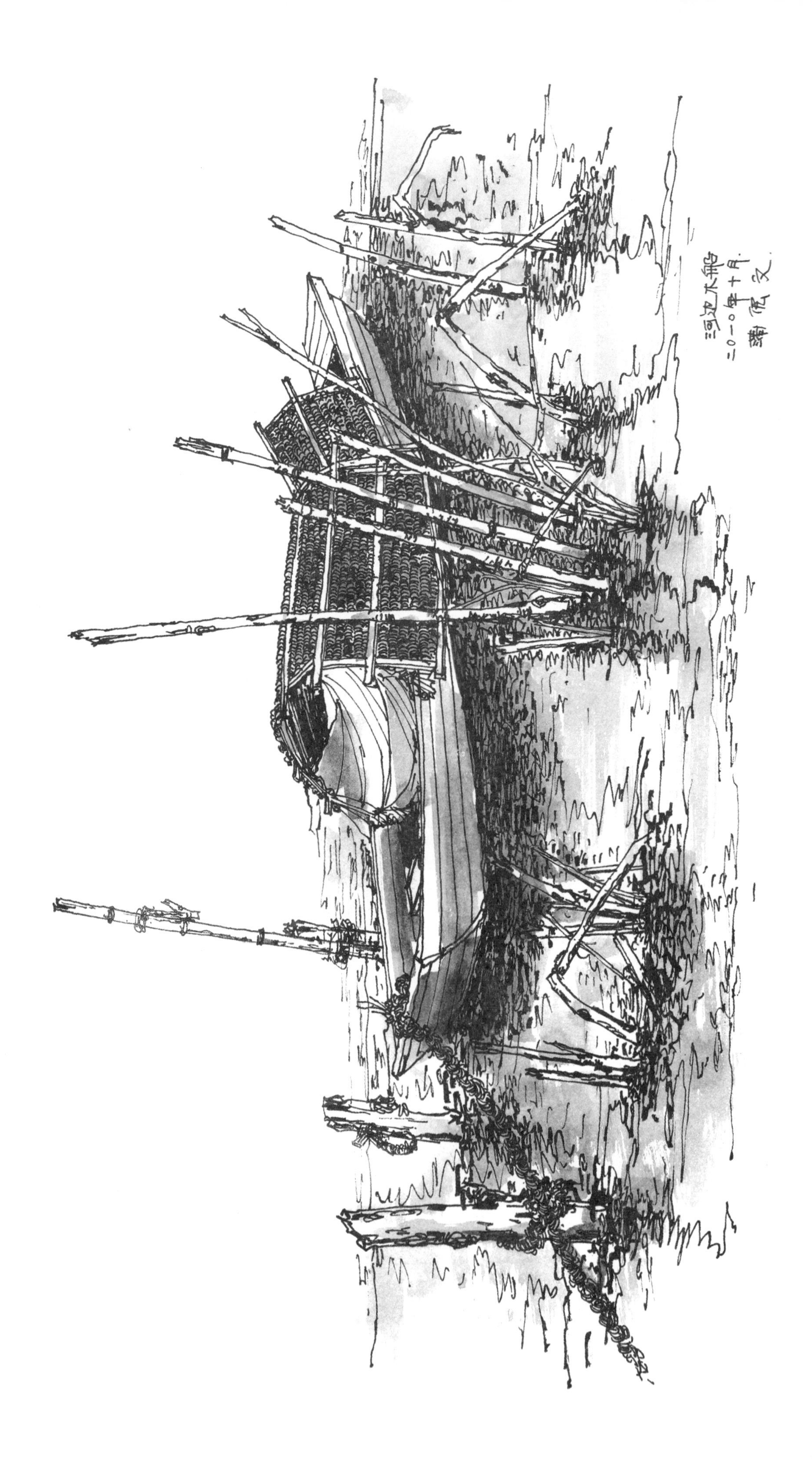
河边木船
二〇一〇年十月.
谢佩文.

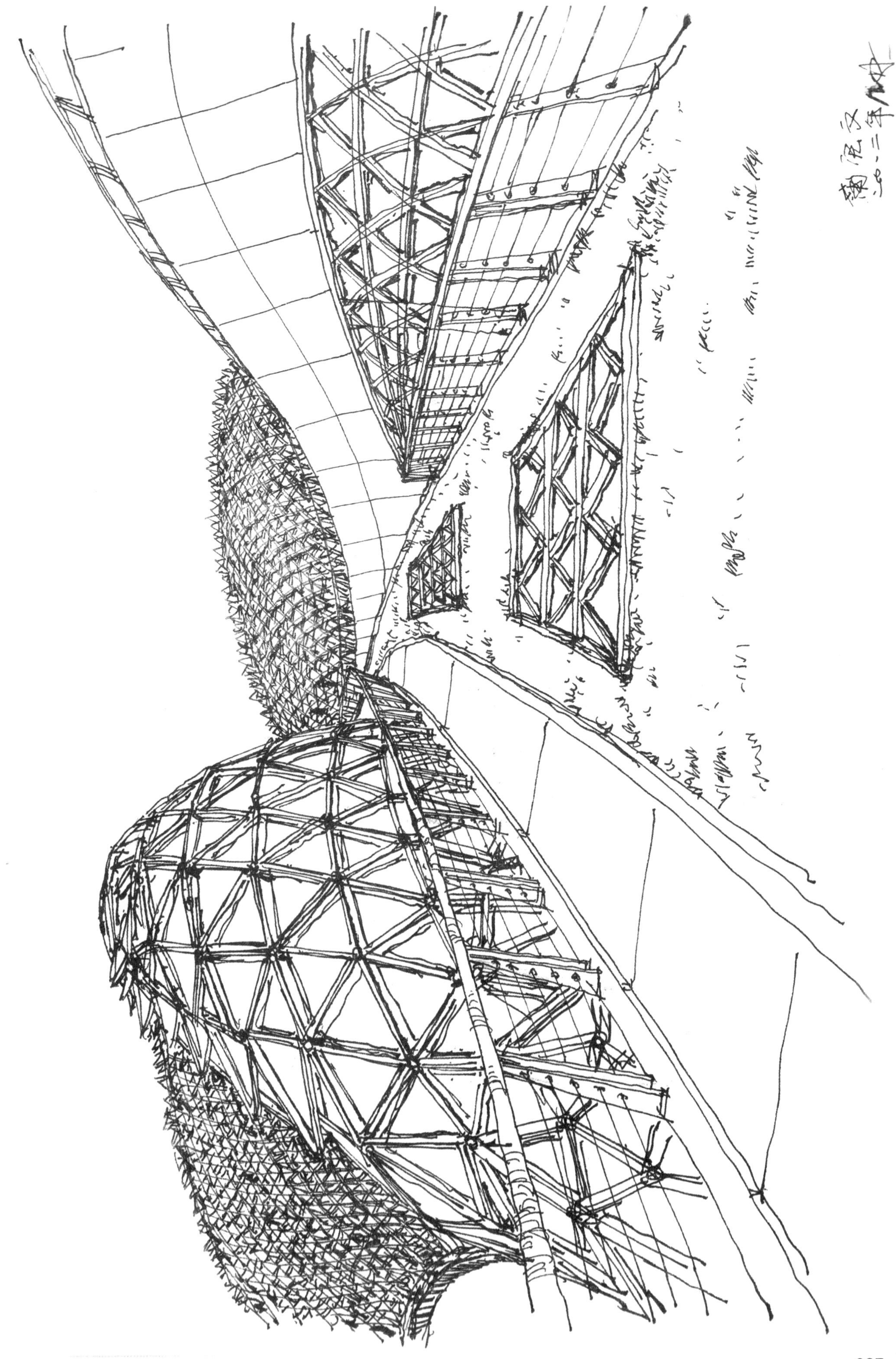

蒲宏文二〇一三年一月五日.

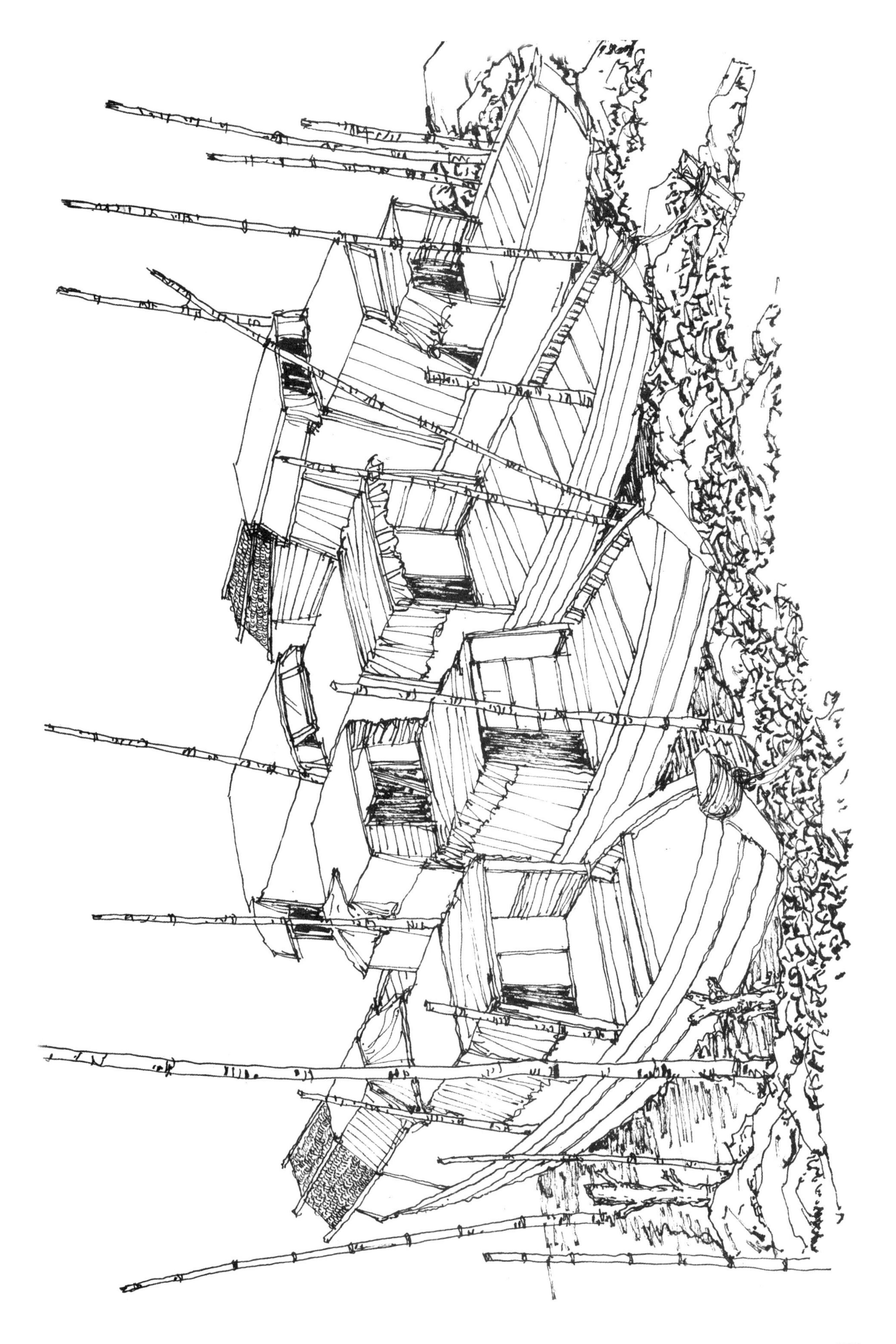

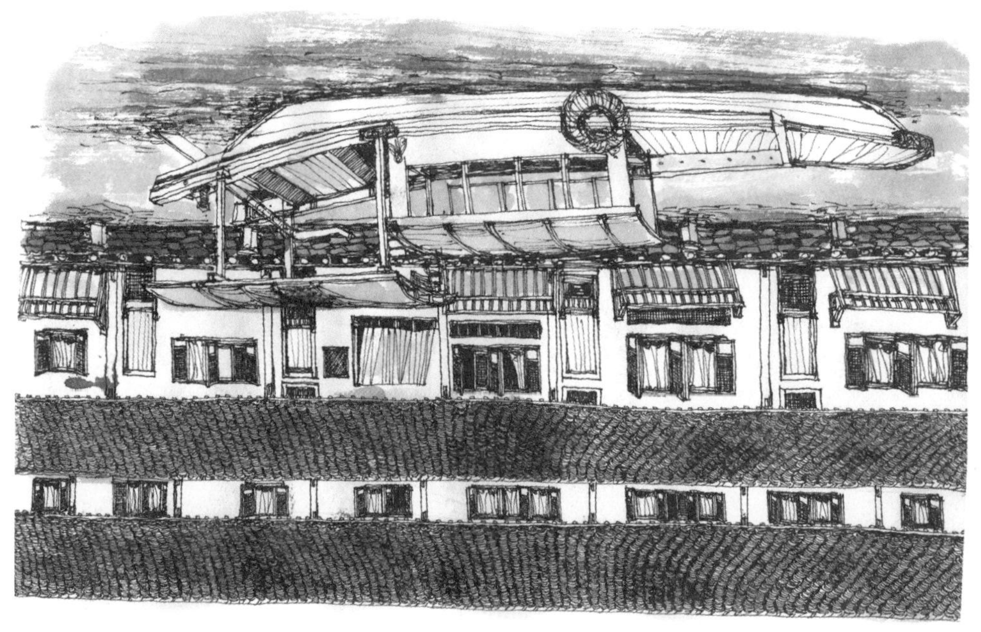

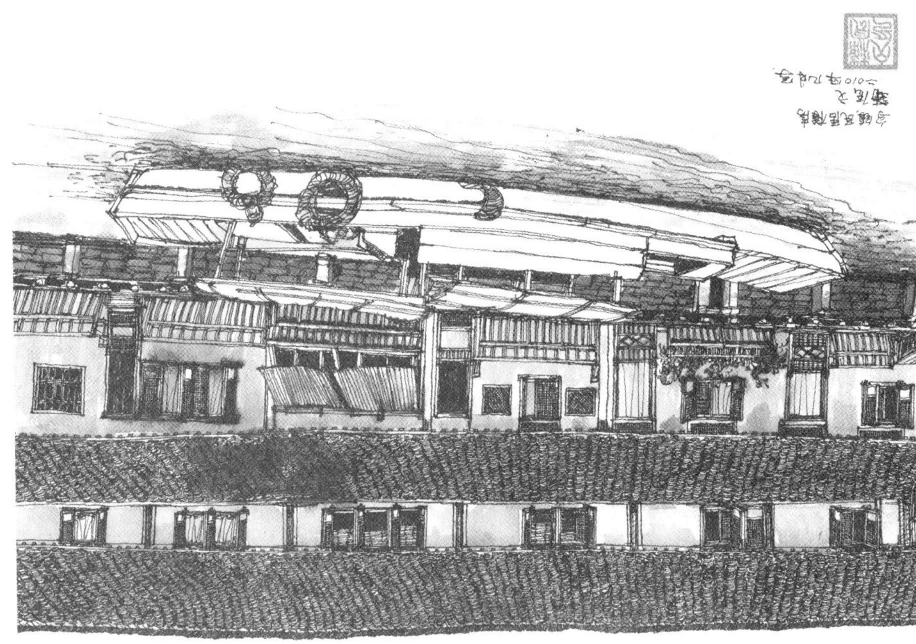

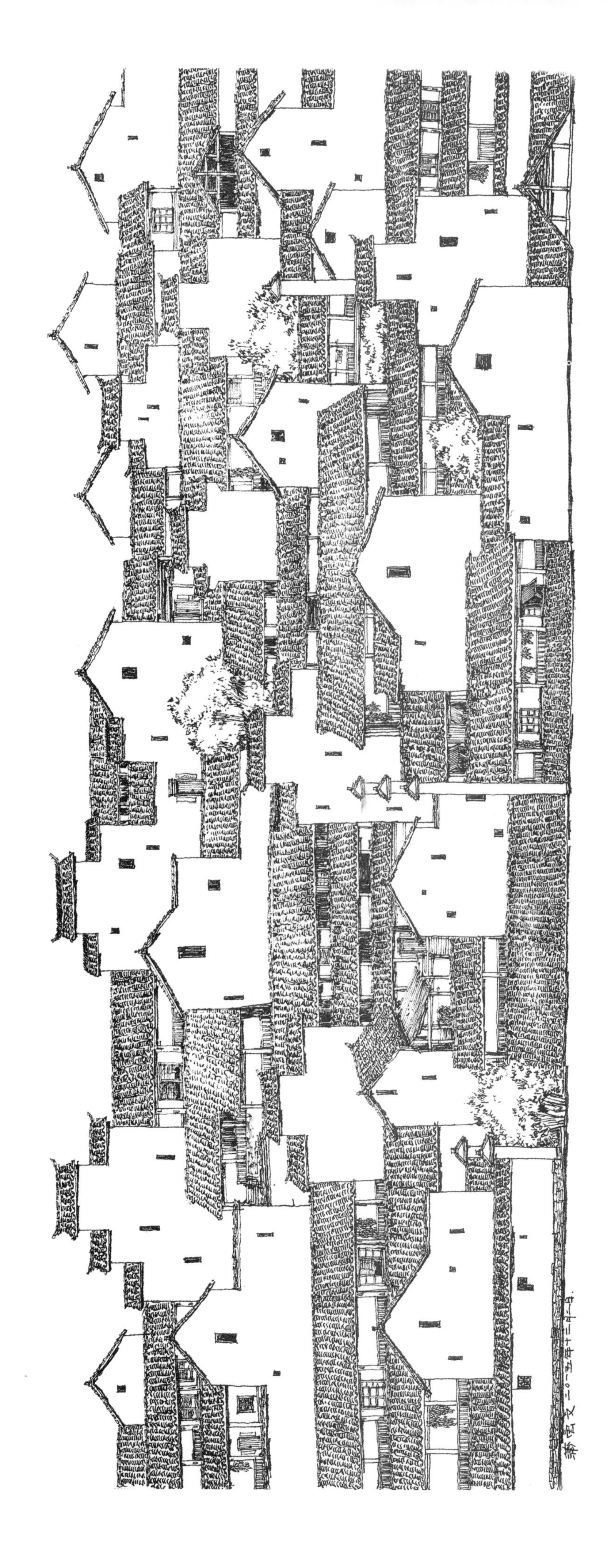

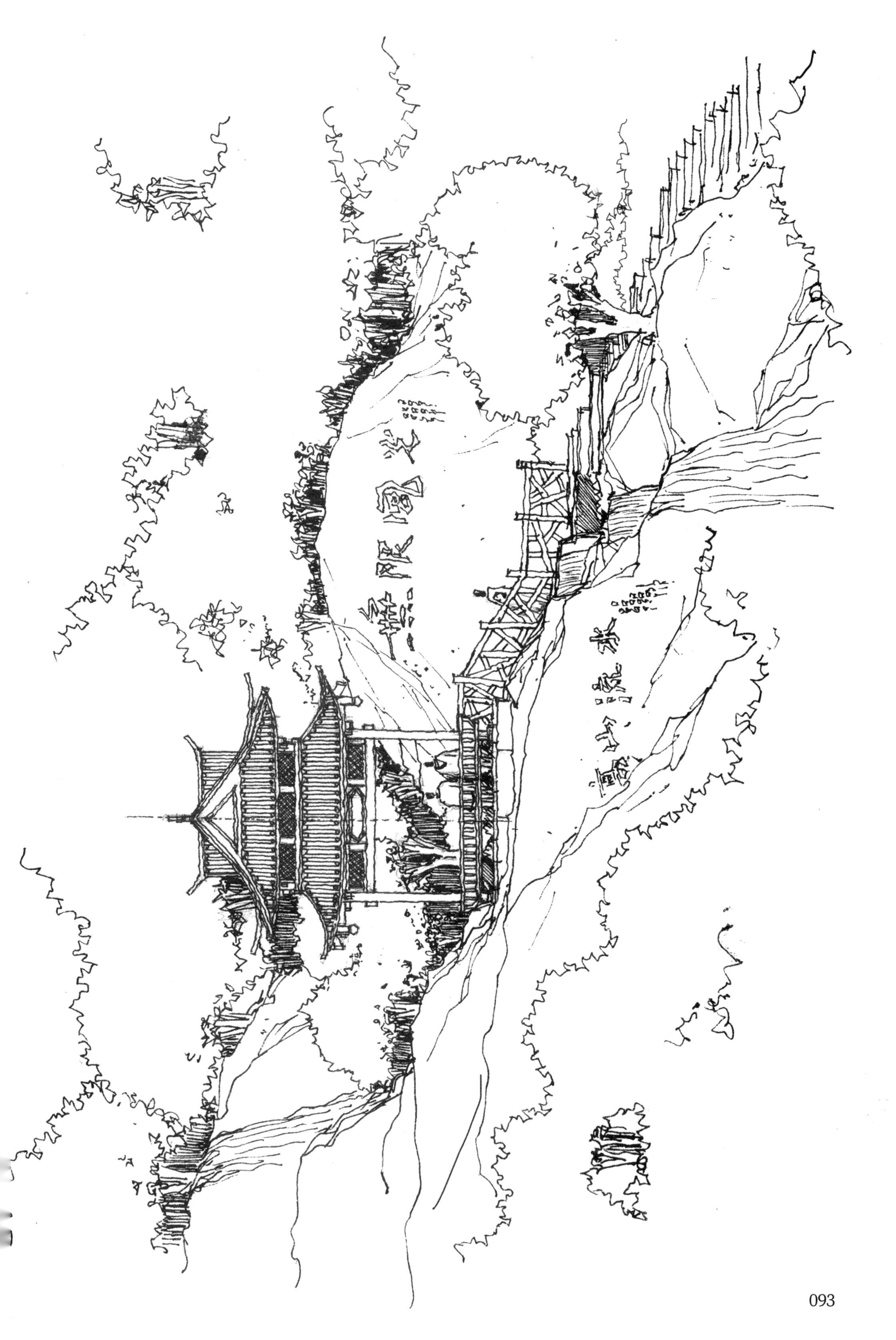

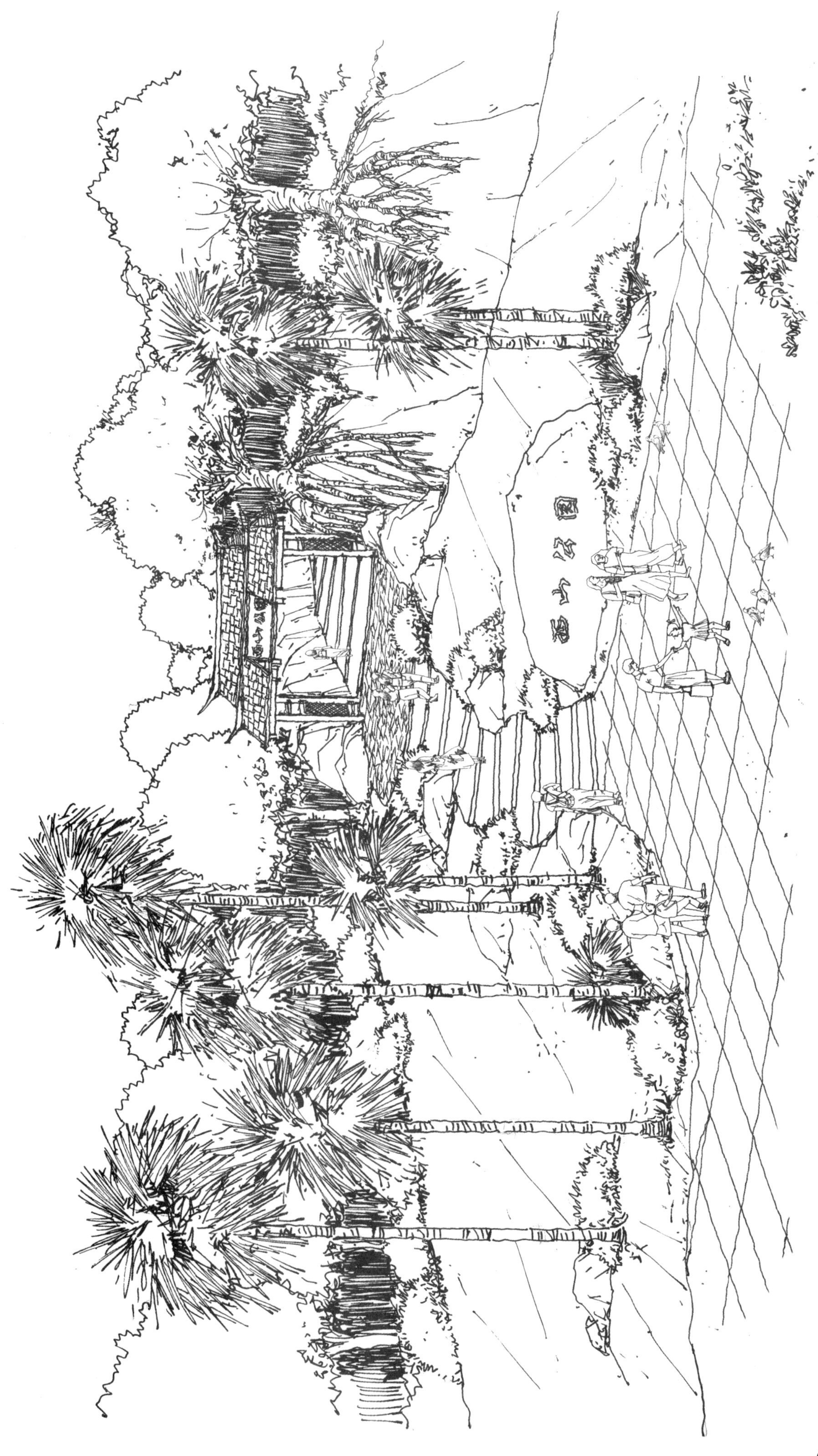

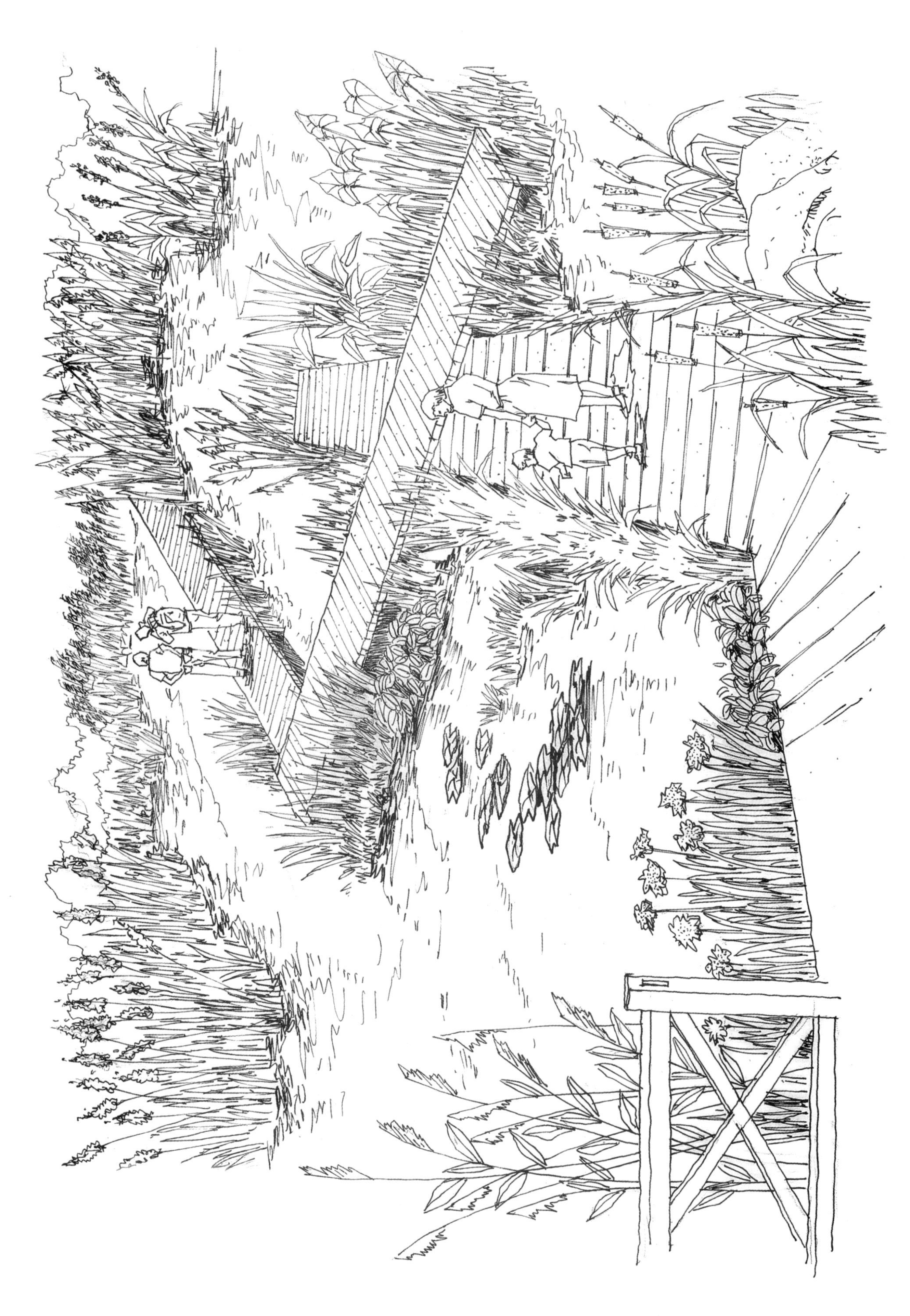

乌镇民居后院
2010.9.25.写

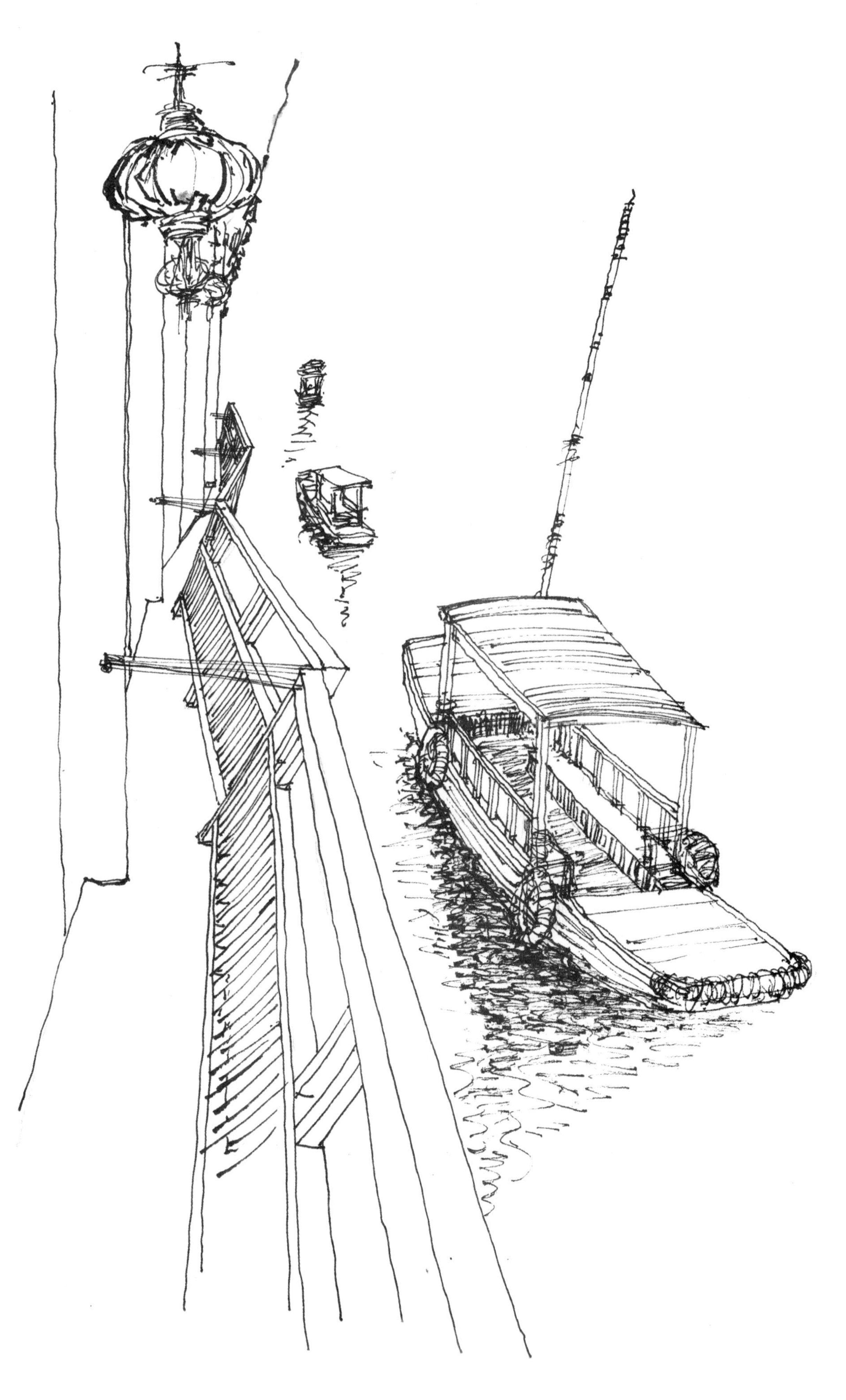

二〇一〇年十月.

2020、10月.

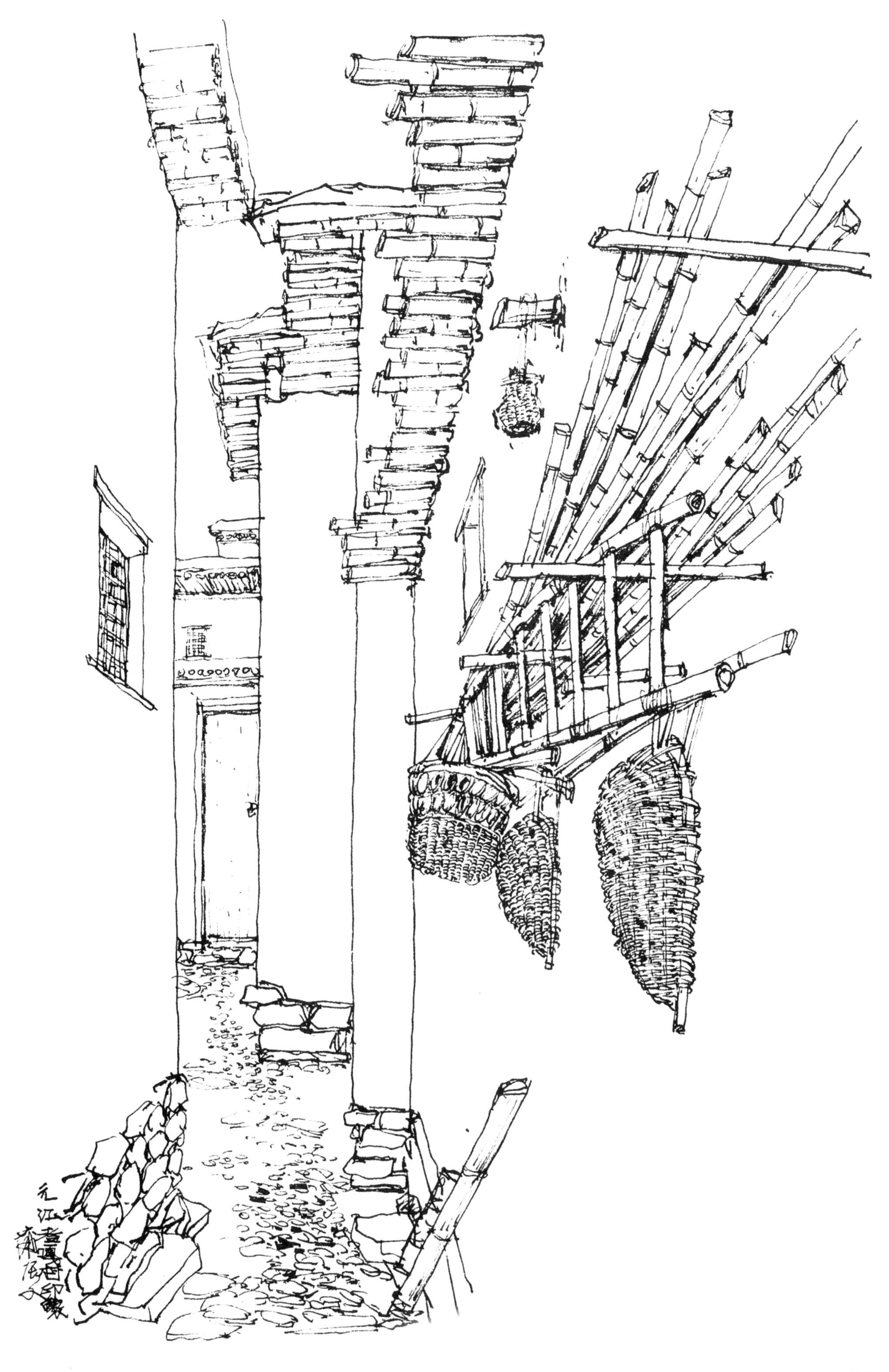

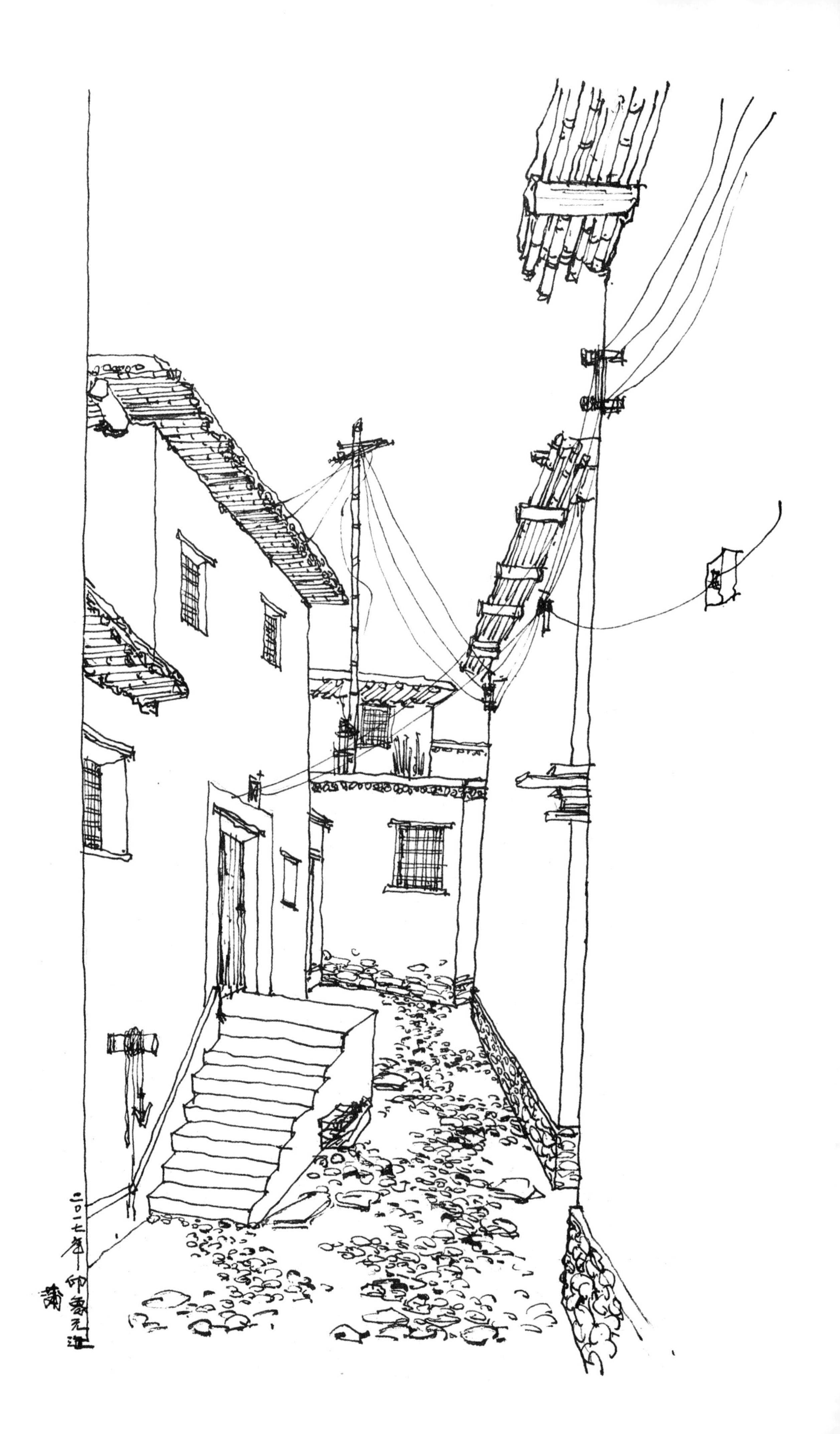

2015.5.15

乌镇木桥
蒲宏文.

乌镇河边留船.
二〇一〇、七月
蒲宏文.

小巷角！

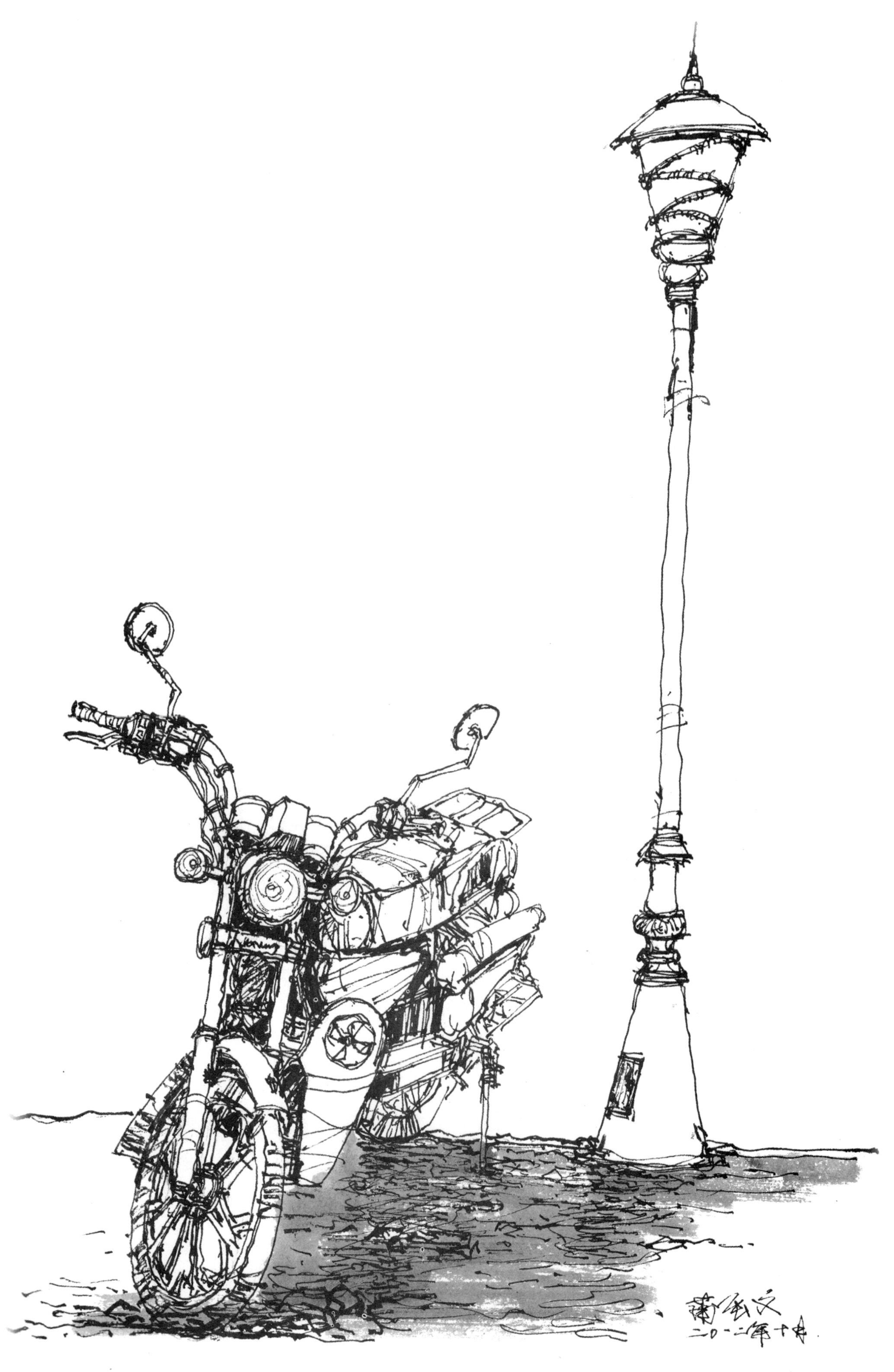

2013年10月6日

二〇一〇年九月
居民小巷

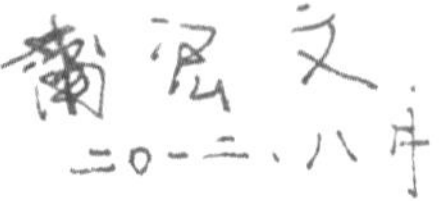
二〇一二、八月

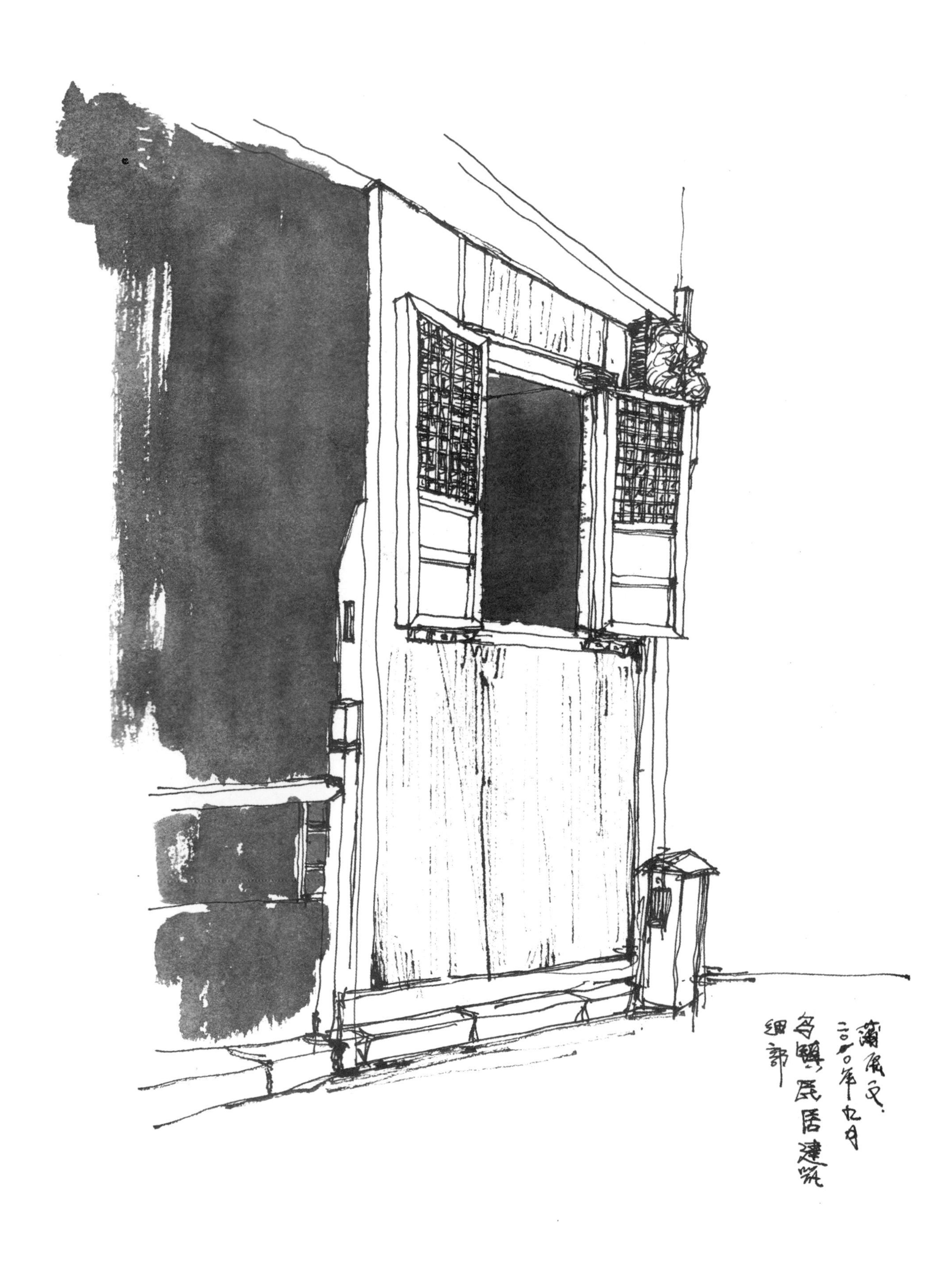
蒲展文
二〇一〇年九月
乡镇民居建筑
细部

蒲宪文
乌镇酒缘.
二〇一〇年九月写.

二〇一〇年七月
乌镇小街

二〇一二年九月

灯塔
二〇一二年八月

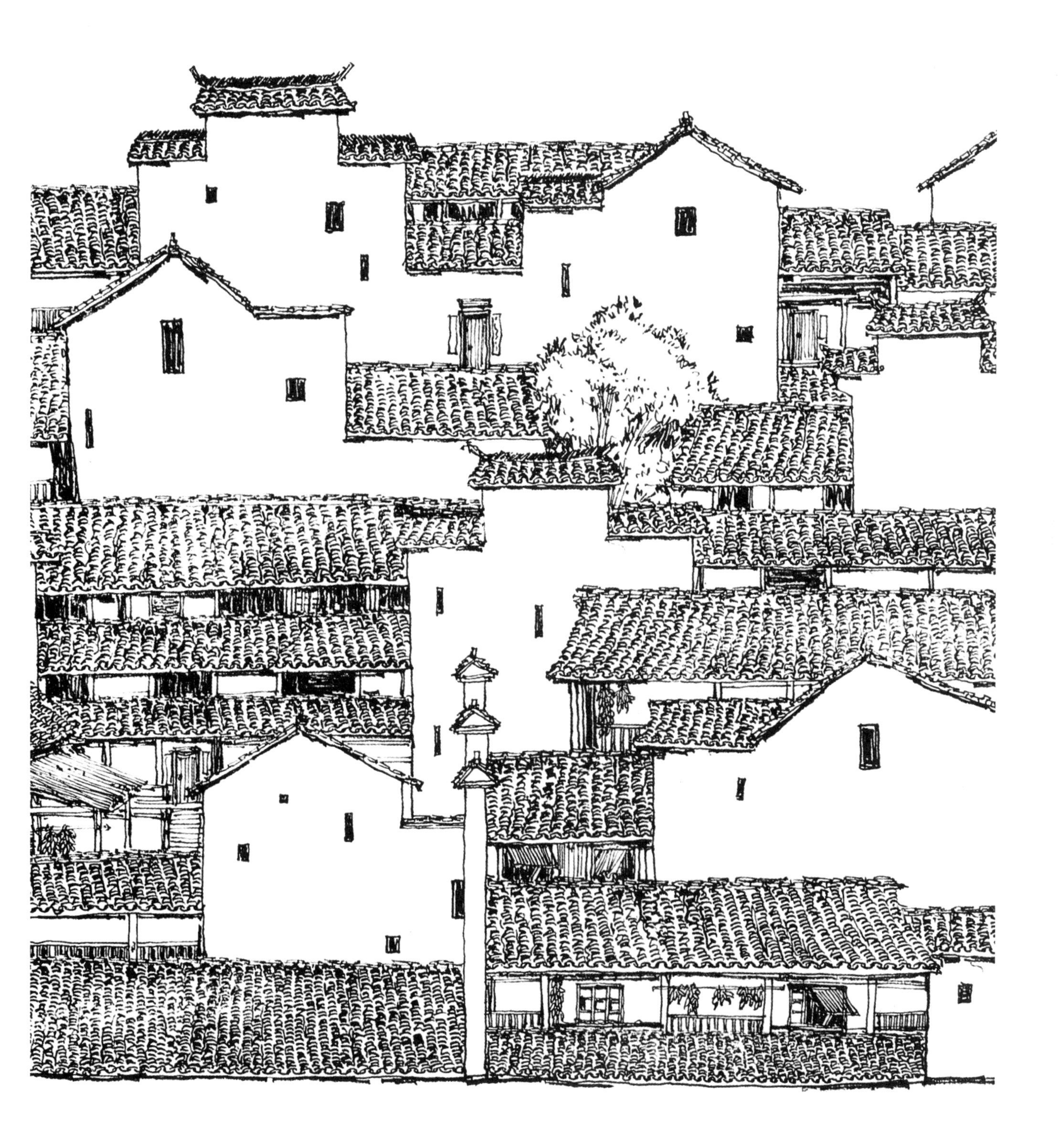

●四川音乐学院成都美术学院　游雪敏